国家示范性中职院校建设项目教材丛书

CAD/CAM 应用教程

姜志胜　主编

U0344803

中 国 铁 道 出 版 社

２０１６年·北 京

图书在版编目(CIP)数据

CAD/CAM 应用教程/姜志胜主编. —北京:中国
铁道出版社,2016.7
（国家示范性中职院校建设项目教材丛书）
ISBN 978-7-113-17257-2

Ⅰ.①C… Ⅱ.①姜… Ⅲ.①数控机床—车床—车削—
计算机辅助设计—应用软件—中等专业学校—教材
Ⅳ.①TG519.1-39

中国版本图书馆 CIP 数据核字(2013)第 196412 号

国家示范性中职院校建设项目教材丛书

书　　名：**CAD/CAM 应用教程**

作　　者：姜志胜

策　　划：江新锡　徐　艳
责任编辑：王　健　　　　　编辑部电话：010-51873065
封面设计：王镜夷
责任校对：苗　丹
责任印制：陆　宁　高春晓

出版发行：中国铁道出版社(100054,北京市西城区右安门西街 8 号)
网　　址：http://www.tdpress.com
印　　刷：北京市昌平百善印刷厂
版　　次：2016 年 7 月第 1 版　2016 年 7 月第 1 次印刷
开　　本：787 mm×1 092 mm　1/16　印张：8.75　字数：208 千
书　　号：ISBN 978-7-113-17257-2
定　　价：29.00 元

前　　言

进入 21 世纪后,我国正逐渐成为世界上最重要的制造业中心,这必然会对掌握现代信息化数控制造技术的人才形成巨大需求。我国劳动和社会保障部启动了全国现代制造技术应用软件远程培训工程,为现代制造技术的应用和推广打下良好的人才基础。数控工艺员培训以实用为原则,以实际操作为重点,采用国产的 CAXA 系列数控车 CAD/CAM 软件作为主要技术平台。

CAXA 数控车具有全中文 Windows 界面,形象化的图标菜单,全面的鼠标拖动功能,灵活方便的立即菜单参数调整功能,智能化的动态导航捕捉功能和多方位的信息提示等特点。

CAXA 数控车具有 CAD 软件强大的绘图功能和完善的外部数据接口,可以绘制任何复杂的二维图形,通过数据接口与其他系统交换数据。CAXA 数控车提供了功能强大、使用简洁的轨迹生成手段,可按加工要求生成各种复杂图形的加工轨迹。通用的后置处理模块使 CAXA 数控车可以满足各种机床的代码格式,对生成的代码进行校验及加工仿真。CAXA 数控车与其他的专业制造软件结合起来,将会满足任何 CAD/CAM 的需求。

UG 作为 CAD/CAM 的优秀软件,为用户提供了最先进的集成技术和一流的解决方案,能够把任何产品构想付诸实际。MasterCAM 是基于 PC 平台的 CAD/CAM 软件。自其诞生至今,以其强大的功能、稳定的性能成为世界上应用最广泛的软件之一。本书简要介绍了 CAXA 数控车结合 MasterCAM 和 PC 等软件的加工技术,旨在为读者更深入学习和应用 CAD/CAM/CAE 软件打下基础。

本书结合编者多年 CAD/CAM 软件的使用、教学经验编写而成。为了方便读者学习,本书安排了许多例题,将 CAXA 数控车的知识点嵌入到实例中,使读者可以循序渐进地掌握该软件的基本操作。通过实例,从实际加工角度对其进行设计造型及编程,进而掌握多种技巧,提高综合应用能力。结合 UG-Later、Master-CAM-Laster 的加工功能讲解同一实例的加工方法,使读者了解这三种软件数控车削功能的精髓,快捷、高效地应用这些工具实现零件的造型和加工。书中部分例题及上机练习题采用了数控工艺员(数控车部分)认证考试的试题,以期读者了解数控工艺员考证的试题类型、难度和基本要求,通过理论学习和实际操作,能顺利通过 CAXA 数控车学习。

  本书既可作为普通高等学校、机电类专业教学用书,也可作为成人教育及工程技术人员的参考书。全书分为四个项目,项目一:CAXA 数控车简介,介绍软件的基本概念、界面介绍、系统设置、界面编辑方式;项目二:CAXA 数控车图形绘制,介绍线型绘制、块操作;项目三:CAXA 数控车的数控加工,介绍 CAXA 数控车刀具操作方法及刀具管理、CAXA 数控车加工的基本概念、CAXA 数控车特殊数控加工、CAXA 数控车的后置处理及仿真;项目四:知识扩展:CAXA 制造工程师的 DNC 传输,介绍 CAXA 编程助手的使用和 CAXA 网络 DNC 通信模块的使用。

  由于编者水平有限,书中难免有遗漏和失误,恳请广大同仁和读者批评指正。

编者

2015 年 5 月

目　　录

项目一　CAXA 数控车简介 ·· 1

任务一　CAXA 数控车概述 ·· 1

　　1　概　述 ··· 1

　　2　功能介绍 ·· 2

任务二　CAXA 数控车界面介绍 ··· 2

　　1　熟悉电子图版界面 ·· 2

　　2　屏幕画面的分布 ·· 2

　　3　用户界面说明 ·· 4

　　4　基本操作 ··· 7

任务三　CAXA 数控车系统设置 ·· 21

　　1　线型设置 ·· 22

　　2　定制线型 ·· 22

　　3　加载线型 ·· 23

　　4　卸载线型 ·· 24

　　5　捕捉点设置 ·· 24

任务四　CAXA 数控车界面编辑方式 ··································· 27

　　1　取消操作与重复操作 ··· 27

　　2　图形剪切、图形复制与图形粘贴 ·································· 28

　　3　清除与清除所有 ··· 29

　　4　改变颜色 ·· 29

　　5　改变线型 ·· 30

　　6　改变图层 ·· 31

　　7　对象链接与嵌入(OLE)的应用 ···································· 32

　　8　鼠标右键操作功能中的图形编辑 ·································· 38

　　9　格 式 刷 ·· 39

　　10　文字替换查找 ··· 39

　　11　系统查看 ··· 39

项目二　CAXA 数控车图形绘制 ·· 41

任务一　CAXA 数控车线型绘制 ·· 41

　　1　直　线 ··· 41

  2 圆　　弧 ·· 47
  3 绘　制　圆 ·· 50
  4 矩　　形 ·· 51
  5 中　心　线 ·· 52
  6 样条曲线 ·· 53
  7 轮　廓　线 ·· 55
  8 等　距　线 ·· 55
  9 高级曲线 ·· 57
  10 点 ··· 59
  11 圆弧拟合样条 ··· 59

任务二　CAXA 数控车块操作 ··· 60
  1 块　生　成 ·· 61
  2 块　打　散 ·· 61
  3 块　属　性 ·· 61
  4 块属性表 ·· 62
  5 块　消　隐 ·· 63
  6 其他有关的块操作工具 ··· 63

任务三　CAXA 数控车图形编辑 ··· 65
  1 图素编辑 ·· 65
  2 几何变换 ·· 75

项目三　CAXA 数控车的数控加工 ·· 84

任务一　CAXA 数控车刀具操作方法及刀具管理 ················· 84
  1 刀具参数说明 ·· 84
  2 轮廓粗车参数说明 ·· 87
  3 轮廓精车参数说明 ·· 93
  4 切槽参数说明 ·· 97
  5 钻中心孔参数说明 ·· 99
  6 车螺纹参数说明 ··· 100

任务二　CAXA 数控车加工的基本概念 ······························· 104
  1 实现加工的步骤 ··· 104
  2 两轴加工 ·· 104
  3 轮　　廓 ·· 104
  4 毛坯轮廓 ·· 105
  5 机床参数 ·· 105
  6 刀具轨迹和刀位点 ·· 105
  7 加工余量 ·· 106
  8 加工误差 ·· 106

  9 干   涉 ……………………………………………………………… 107

任务三　CAXA 数控车特殊数控加工 ……………………………………… 107
  1 等截面粗加工 ………………………………………………………… 107
  2 等截面精加工 ………………………………………………………… 108
  3 径向 G01 钻孔(车铣中心设备) …………………………………… 109
  4 端面 G01 钻孔(车铣中心设备) …………………………………… 110
  5 埋入式键槽加工(车铣中心设备) ………………………………… 111
  6 开放式键槽加工(车铣中心设备) ………………………………… 111

任务四　CAXA 数控车的后置处理及仿真 ……………………………… 112
  1 后置设置 ……………………………………………………………… 112
  2 机床设置 ……………………………………………………………… 114
  3 生成 G 代码 ………………………………………………………… 118
  4 校核 G 代码 ………………………………………………………… 118
  5 轨迹仿真 ……………………………………………………………… 119
  6 代码反读 ……………………………………………………………… 119

项目四　知识扩展:CAXA 制造工程师的 DNC 传输 …………………… 121

任务一　CAXA 编程助手的使用 ………………………………………… 121
  1 机床通信 ……………………………………………………………… 121
  2 发送代码 ……………………………………………………………… 121
  3 接收代码 ……………………………………………………………… 122
  4 传输设置 ……………………………………………………………… 122

任务二　CAXA 网络 DNC 通信模块的使用 …………………………… 123
  1 串口通信 ……………………………………………………………… 123
  2 广州数控 980TD 通信 ……………………………………………… 126

参考文献 …………………………………………………………………… 131

项目一　CAXA 数控车简介

学习目标

熟悉 CAXA 数控车的功能介绍

了解 CAXA 数控车的系统特点

任务一　CAXA 数控车概述

1　概　　述

数控加工,也称之为 NC(Numerical Control)加工,是以数值与符号构成的信息控制机床实现自动运转。数控加工经历了半个世纪的发展已成为应用于当代各个制造领域的先进制造技术。数控加工的最大特征有两点:一是可以极大地提高精度,包括加工质量精度及加工时间误差精度;二是加工质量的重复性,可以稳定加工质量,保持加工零件质量的一致。也就是说加工零件的质量及加工时间是由数控程序决定而不是由机床操作人员决定的。

随着制造设备的数控化率不断提高,数控加工技术在我国得到日益广泛的使用,在模具行业,掌握数控技术与否及加工过程中的数控化率的高低已成为企业是否具有竞争力的象征。数控加工技术应用的关键在于计算机辅助设计和制造(CAD/CAM)系统的质量。

数控车削加工是现代制造技术的典型代表,在制造业的各个领域,如航空航天、汽车、模具、精密机械、家用电器等各个行业有着日益广泛的应用,已成为这些行业中不可缺少的加工手段。

CAXA 数控车是在全新的数控加工平台上开发的数控车床加工编程和二维图形设计软件。CAXA 数控车具有 CAD 软件的强大绘图功能和完善的外部数据接口,可以绘制任意复杂的图形,可通过 DXF、IGES 等数据接口与其他系统交换数据。CAXA 数控车具有轨迹生成及通用后置处理功能。该软件提供了功能强大、使用简洁的轨迹生成手段,可按加工要求生成各种复杂图形的加工轨迹。通用的后置处理模块使 CAXA 数控车可以满足各种机床的代码格式,可输出 G 代码,并对生成的代码进行校验及加工仿真。

CAXA 是为制造业提供"产品创新和协同管理"解决方案的供应商。旨在帮助制造企业对市场做出快速的反应,提升制造企业的市场竞争力,为制造企业相关部门提供从产品订单到制造交货直至产品维护的信息化解决方案,其中包括设计、工艺、制造和管理等解决方案。CAXA 经过多年来的不懈努力,推出的多款 CAXA 软件功能强大、易学易用、工艺性好、代码质量高,现在已经被全国上千家企业使用,并受到好评,不但降低了投入成本,而且提高了经济效益。CAXA 的软件产品现正在一个更高的起点上腾飞。

2　功能介绍

CAXA 数控车具有 CAD 软件的强大绘图功能和完善的外部数据接口,可以绘制任意复杂的图形,可通过 DXF、IGES 等数据接口与其他系统交换数据。

2.1　加工轨迹

使用简洁的轨迹生成手段,可按加工要求生成各种复杂图形的加工轨迹。

2.2　通用后置

通用的后置处理模块使 CAXA 数控车可以满足各种机床的代码格式,可输出 G 代码,并可对生成的代码进行校验及加工仿真。

2.3　刀　具

可以定义、确定刀具的有关数据,以便于用户从刀具库中获取刀具信息和对刀具库进行维护;刀具库定义支持车加工中心。

2.4　代码反读

代码反读功能可以随时查看编程输出后的代码图形。

2.5　轨迹仿真

对已有的加工轨迹进行加工过程模拟,以检查加工轨迹的正确性。

2.6　数据接口

DXF、IGES 数据接口通行无阻,可接收其他软件的数据。

2.7　参数修改

对生成的轨迹不满意时可以用参数修改功能对轨迹的各种参数进行修改,以生成新的加工轨迹。

任务二　CAXA 数控车界面介绍

1　熟悉电子图版界面

用户界面(简称界面)是交互式绘图软件与用户进行信息交流的中介。系统通过界面反映当前信息状态或将要执行的操作,用户按照界面提供的信息做出判断,并经由输入设备进行下一步的操作。因此,用户界面被认为是人机对话的桥梁。

CAXA 数控车的用户界面主要包括三个部分,即菜单条、工具栏和状态栏部分。

另外,需要特别说明的是 CAXA 数控车提供了立即菜单的交互方式,用来代替传统的逐级查找的问答式交互,使得交互过程更加直观和快捷。

2　屏幕画面的分布

CAXA 数控车使用最新流行界面,如图 1-1 所示,更贴近用户,更简明易懂。

单击任意一个菜单项(例如设置),都会弹出一个子菜单。移动鼠标到【绘制工具】工具栏,在弹出的当前绘制工具栏中单击任意一个按钮,系统会弹出一个立即菜单,并在状态栏显示相应的操作提示和执行命令状态,如图 1-2 所示。

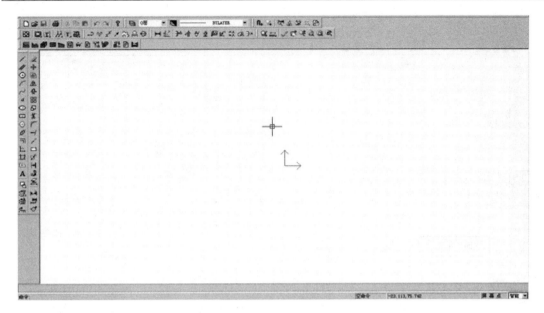

图 1-1　CAXA 数控车界面介绍

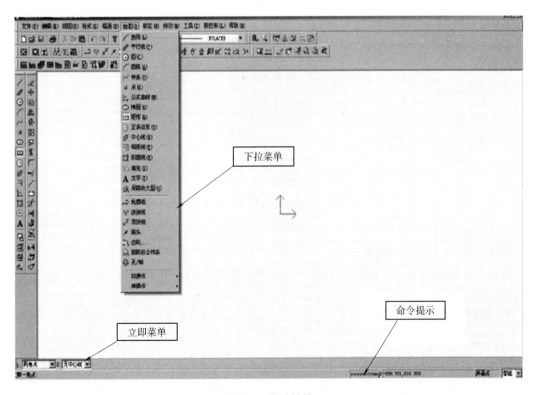

图 1-2　菜单结构

　　用鼠标单击其中的某一项(例如【1. 两点线】)或按【Alt＋数字】组合键(例如【Alt＋1】)，会在其上方出现一个选项菜单或者改变该项的内容(如图 1-3(a)左下方)。另外，在这种环境下(工具菜单提示为【屏幕点】)，使用空格键，屏幕上会弹出一个被称为【工具点菜单】的选项菜单。用户可以根据作图需要从中选取特征点进行捕捉，如图 1-3(b)所示。

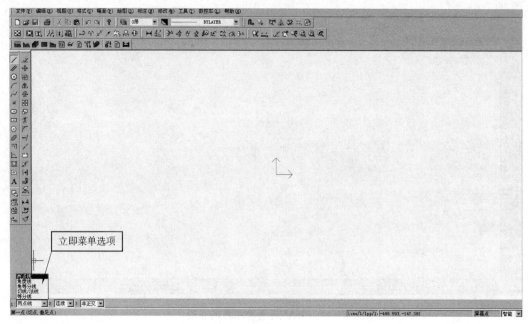

(a) 选项菜单

(b) 工具点菜单

图 1-3　立即菜单的选项菜单及工具点菜单

3　用户界面说明

3.1　绘 图 区

绘图区是用户进行绘图设计的工作区域,如图 1-3(a)所示的空白区域。它位于屏幕的中心,并占据了屏幕的大部分面积。广阔的绘图区为显示全图提供了清晰的空间。

在绘图区的中央设置了一个二维直角坐标系,该坐标系称为世界坐标系。它的坐标原点为(0.0000,0.0000)。

CAXA 数控车以当前用户坐标系的原点为基准,水平方向为 x 方向,并且向右为正,向左为负。垂直方向为 y 方向,向上为正,向下为负。在绘图区用鼠标拾取的点或由键盘输入的点,均为以当前用户坐标系为基准。

3.2　菜单系统

CAXA数控车的菜单系统包括主菜单区、立即菜单区、工具菜单区、弹出菜单区四个部分。

3.2.1　主菜单区

如图1-4所示,主菜单位于屏幕的顶部。它由一行菜单条及其子菜单组成,菜单条包括文件、编辑、视图、格式、绘制、标注、修改、工具、数控车和帮助等。每个部分都含有若干个下拉菜单。

图 1-4　菜单条

（1）文件模块

它主要对系统的文件进行管理,包括:新文件、打开文件、在新窗口中打开文件、存储文件、另存文件、并入文件、部分存储、绘图输出、文件检索、DWG/DXF批转换器、应用程序管理器、退出等。

（2）编辑模块

它主要对对象进行编辑,包括取消操作、重复操作、选择所有、图形剪切、复制、粘贴、选择性粘贴、插入对象、删除对象、链接、OLE对象、对象属性和清除、清除所有字形识别等。

（3）视图模块

视图控制的各项命令安排在屏幕子主菜单的【视图】菜单中,包括:重画、重新生成、全部重新生成、显示窗口、显示平移、显示全部、显示复原、显示比例、显示回溯、显示向后、显示缩小、动态平移/缩放、全屏显示等。

（4）格式模块

格式模块主要包括:层控制、线型、颜色、文本风格、标注风格、剖面图案、点样式、样式控制等。

（5）幅面模块

幅面模块包括:图幅设置、调入/定义/存储图框、调入/定义/存储填写标题栏、生成/删除/编辑/交换序号、序号设置、明细表、背景设置等。

（6）绘图模块

绘图模块包括:直线、平行线、圆、圆弧、样条、点、公式曲线、正多边形、中心线、矩形、椭圆、等距线、剖面线、填充、文字、局部放大图、轮廓线、波浪线、双折线、箭头、齿轮、圆弧拟合样条、孔/轴、块操作、库操作等。

（7）标注模块

标注模块包括:尺寸/坐标/倒角/中心孔标注、粗糙度、引出说明、基准代号、形位公差、焊接/剖切符号等。

（8）修改模块

修改模块主要包括:删除、删除重线、平移、复制选择到、旋转、镜像、比例缩放、阵列、裁剪、过渡、齐边、打断、拉伸、打散、改变层/颜色/线型、标注修改、尺寸驱动、格式刷、文字查找替换、块的在位编辑等。

(9)工具模块

工具模块包括：三视图导航、查询、属性查看、用户坐标系、外部工具、捕捉点设置、拾取过滤设置、视图管理、自定义操作、界面操作、选项等。

(10)数控车模块

数控车模块是最重要的模块，CAXA 数控车后置处理、轨迹生成等功组能项都在其中。轨迹生成包括：刀具库管理、轮廓粗车、轮廓精车、切槽、钻中心孔、车螺纹等。后置处理包括：后置设置、机床设置代码生成、参数修改、轨迹仿真、查看代码等。

(11)帮助模块

帮助模块包括：日积月累、帮助索引、实例教程、命令列表、关于 CAXA 数控车等。

3.2.2　立即菜单区

立即菜单描述了该项命令执行的各种情况和使用条件。用户根据当前的作图要求，正确地选择某一选项，即可得到准确的响应。

3.2.3　工具菜单

包括工具点菜单、拾取元素菜单。

3.2.4　弹出菜单

CAXA 数控车弹出菜单是用来指定当前命令状态下的子命令，通过空格键弹出，不同的命令执行状态下可能有不同的子命令组，主要分为点工具组、矢量工具组、选择集拾取工具组、轮廓拾取工具组和岛拾取工具组。如果子命令是用来设置某种子状态，CAXA 数控车在状态条中显示提示用户。

3.3　状　态　栏

CAXA 数控车提供了多种显示当前状态的功能，它包括屏幕状态显示、操作信息提示、当前工具点设置及拾取状态显示等等。

3.3.1　当前点坐标显示区

当前点坐标显示区位于屏幕底部状态栏的中部。当前点的坐标值随鼠标光标的移动作动态变化。

3.3.2　操作信息提示区

操作信息提示区位于屏幕底部状态栏的左侧，用于提示当前命令执行情况或提醒用户输入。

3.3.3　工具菜单状态提示

当前工具点设置及拾取状态提示位于状态栏的右侧，自动提示当前点的性质以及拾取方式。例如，点可能为屏幕点、切点、端点等等，拾取方式为添加状态、移出状态等。

3.3.4　点捕捉状态设置区

点捕捉状态设置区位于状态栏的最右侧，在此区域内设置点的捕捉状态，分别为自由、智能、导航和栅格。

3.3.5　命令与数据输入区

命令与数据输入区位于状态栏左侧，用于由键盘输入命令或数据。

3.3.6　命令提示区

命令提示区位于命令与数据输入区与操作信息提示区之间，显示目前执行功能的键盘输入命令的提示，便于用户快速掌握数控车的键盘命令。

3.4 工具栏

在工具栏中,可以通过鼠标左键单击相应的功能按钮进行操作,系统默认工具栏包括【标准】工具栏、【属性】工具栏、【常用】工具条、【绘图工具】工具栏、【绘图工具Ⅱ】工具栏、【标注工具】工具栏、【图幅操作】工具栏、【设置工具】工具栏、【编辑工具】工具栏。工具栏也可以根据用户自己的习惯和需求进行定义。自定义工具栏,在界面定制一章中有详细介绍。如图 1-5 所示。

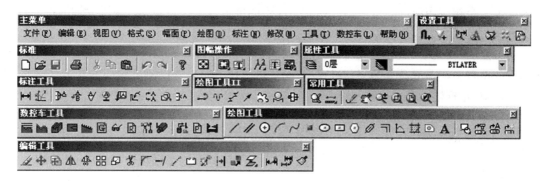

图 1-5 默认工具栏

4 基本操作

4.1 命令的执行

CAXA 数控车在执行命令的操作方法上,为用户设置了鼠标选择和键盘输入两种并行的输入方式,两种输入方式的并行存在,为不同程度的用户提供了操作上的方便。

鼠标选择方式主要适合于初学者或是已经习惯于使用鼠标的用户。所谓鼠标选择就是根据屏幕显示出来的状态或提示,用鼠标光标去单击所需的菜单或者工具栏按钮。菜单或者工具栏按钮的名称与其功能相一致。选中了菜单或者工具栏按钮就意味着执行了与其对应的键盘命令。由于菜单或者工具栏选择直观、方便,减少了背记命令的时间。因此,很适合初学者采用。

键盘输入方式是由键盘直接键入命令或数据。它适合于习惯键盘操作的用户。键盘输入要求操作者熟悉了解软件的各条命令以及它们相应的功能,否则将给输入带来困难,实践证明,键盘输入方式比菜单选择输入效率更高。希望初学者能尽快掌握和熟悉它。

在操作提示为【命令】时,使用鼠标右键和键盘回车键可以重复执行上一条命令,命令结束后会自动退出该命令。

4.2 点的输入

点是最基本的图形元素,点的输入是各种绘图操作的基础。因此,各种绘图软件都非常重视点的输入方式的设计,力求简单、迅速、准确。

CAXA 数控车也不例外,除了提供常用的键盘输入和鼠标单击输入方式外,还设置了若干种捕捉方式。例如:智能点的捕捉、工具点的捕捉等。

4.2.1 由键盘输入点的坐标

点在屏幕上的坐标有绝对坐标和相对坐标两种方式。它们在输入方法上是完全不同的,初学者必须正确地掌握它们。

绝对坐标的输入方法很简单，可直接通过键盘输入 x、y 坐标，但 x、y 坐标值之间必须用逗号隔开。例如：30，40。

相对坐标是指相对系统当前点的坐标，与坐标系原点无关。输入时，为了区分不同性质的坐标，CAXA 数控车对相对坐标的输入作了如下规定：输入相对坐标时必须在第一个数值前面加上一个符号@，以表示相对。例如：输入@60，84，它表示相对参考点来说，输入了一个 x 坐标为 60，y 坐标为 84 的点。另外，相对坐标也可以用极坐标的方式表示。例：@60＜84 表示输入了一个相对当前点的极坐标。相对当前点的极坐标半径为 60，半径与 x 轴的逆时针夹角为 84°。

参考点的解释：参考点是系统自动设定的相对坐标的参考基准。它通常是用户最后一次操作点的位置。在当前命令的交互过程中，用户可以按 F4 键，专门确定希望的参考点。

4.2.2　鼠标输入点的坐标

鼠标输入点的坐标就是通过移动十字光标选择需要输入的点的位置。选中后按下鼠标左键，该点的坐标即被输入。鼠标输入的都是绝对坐标。用鼠标输入点时，应一边移动十字光标，一边观察屏幕底部的坐标显示数字的变化，以便尽快较准确地确定待输入点的位置。

鼠标输入方式与工具点捕捉配合使用可以准确地定位特征点。如端点、切点、垂足点等等。用功能键 F6 可以进行捕捉方式的切换。

4.2.3　工具点的捕捉

工具点就是在作图过程中具有几何特征的点，如圆心点、切点、端点等。

所谓工具点捕捉就是使用鼠标捕捉工具点菜单中的某个特征点。工具点菜单的内容和方法在前面作了说明。

用户进入作图命令，需要输入特征点时，只要按下空格键，即在屏幕上弹出下列工具点菜单：

屏幕点(S)	屏幕上的任意位置点
端点(E)	曲线的端点
中心(M)	曲线的中点
圆心(C)	圆或圆弧的圆心
交点(I)	两曲线的交点
切点(T)	曲线的切点
垂足点(P)	曲线的垂足点
最近点(N)	曲线上距离捕捉光标最近的点
孤立点(L)	屏幕上已存在的点
象限点(Q)	圆或圆弧的象限点

工具点的默认状态为屏幕点，用户在作图时拾取了其他的点状态，即在提示区右下角工具点状态栏中显示出当前工具点捕获的状态。但这种点的捕获一次有效，用完后立即自动回到【屏幕点】状态。

工具点捕获状态的改变，也可以不用工具点菜单的弹出与拾取，用户在输入点状态的提示下，可以直接按相应的键盘字符（如"E"代表端点、"C"代表圆心等等）进行切换。

在使用工具点捕获时，捕捉框的大小可用主菜单【设置】中菜单项【拾取设置】（命令名

objectset),在弹出对话框【拾取设置】中预先设定。

当使用工具点捕获时,其他设定的捕获方式暂时被取消,这就是工具点捕获优先原则。

图 1-6 为用直线(Line)命令绘制公切线,并利用工具点捕获进行作图,其操作顺序如下:

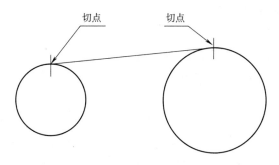

图 1-6　工具点捕获

(1)【直线】菜单项;

(2)当系统提示【第一点】时:按空格键,在工具点菜单中选【切点】,拾取圆,捕获【切点】;

(3)当系统提示【下一点】时:按空格键,在工具点菜单中选【切点】,拾取另一圆,捕获【切点】。

4.3　选择(拾取)实体

绘图时所用的直线、圆弧、块或图符等,在交互软件中称为实体。每个实体都有其相对应的绘图命令。CAXA 数控车中的实体有以下类型:直线、圆或圆弧、点、椭圆、块、剖面线、尺寸等等。

拾取实体,其目的就是根据作图的需要在已经画出的图形中,选取作图所需的某个或某几个实体。拾取实体的操作是经常要用到的操作,应当熟练地掌握。已选中的实体集合,称为选择集。当交互操作处于拾取状态(工具菜单提示出现【添加状态】或【移出状态】)时用户可通过操作拾取工具菜单来改变拾取的特征。

4.3.1　拾取所有

拾取所有就是拾取画面上所有的实体。但系统规定,在所有被拾取的实体中不应含有拾取设置中被过滤掉的实体或被关闭图层中的实体。

4.3.2　拾取添加

指定系统为拾取添加状态,此后拾取到的实体,将放到选择集中(拾取操作有两种状态:【添加状态】和【移出状态】)。

4.3.3　取消所有

所谓取消所有,就是取消所有被拾取到的实体。

4.3.4　拾取取消

拾取取消的操作就是从拾取到的实体中取消某些实体。

4.3.5　取消尾项

执行本项操作可以取消最后拾取到的实体。

4.3.6　重复拾取

拾取上一次选择的实体。

上述几种拾取实体的操作,都是通过鼠标来完成的。也就是说,通过移动鼠标的十字光标，将其交叉点或靶区方框对准待选择的某个实体，然后按下鼠标左键，即可完成拾取的操作。被拾取的实体呈拾取加亮颜色的显示状态（默认为红色），以示与其他实体的区别。在本书后面讲述具体操作时，出现的拾取实体，其含义和结果是等效的。

4.4　右键直接操作功能

4.4.1　功能

本系统提供面向对象的功能，即用户可以先拾取操作的对象（实体），后选择命令，进行相应的操作。该功能主要适用于一些常用的命令操作，提高交互速度，尽量减少作图中的菜单操作，使界面更为友好。

4.4.2　操作步骤

在无命令执行状态下，用鼠标左键或窗口拾取实体，被选中的实体将变成拾取加亮颜色（默认为红色），此时用户可单击任一被选中的元素，然后按下鼠标左键移动鼠标来随意拖动该元素。对于圆、直线等基本曲线还可以单击其控制点（屏幕上的紫色亮点，如图 1-7 左图所示）来进行拉伸操作。进行了这些操作后，图形元素依然是被选中的，即依然是以拾取加亮颜色显示。系统认为被选中的实体为操作的对象，此时按下鼠标右键，则弹出相应的命令菜单（如图 1-7 右图所示），单击菜单项，则将对选中的实体进行操作。拾取不同的实体（或实体组），将会弹出不同的功能菜单。

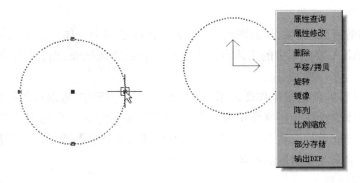

图 1-7　直接操作功能

4.5　其他常用的操作

本系统具有计算功能，它不仅能进行加、减、乘、除、平方、开方和三角函数等常用的数值计算，还能完成复杂表达式的计算。

例如：$60/91+(44.35)/23$；$Sqrt(23)$；$Sin(70*3.1415926/180)$等等。

4.6　立即菜单的操作

用户在输入某些命令以后，在绘图区的底部会弹出一行立即菜单。例如，输入一条画直线的命令（从键盘输入【line】或用鼠标在【绘图】工具栏单击【直线】按钮），则系统立即弹出一行立即菜单及相应的操作提示，如图 1-8 所示。

图 1-8　立即菜单

此菜单表示当前待画的直线为两点线方式,非正交的连续直线。在显示立即菜单的同时,在其下面显示如下提示:【第一点(切点,垂足点):】。括号中的【切点,垂足点】表示此时可输入切点或垂足点。需要说明的是,在输入点时,如果没有提示(切点,垂足点),则表示不能输入工具点中的切点或垂足点。用户按要求输入第一点后,系统会提示【第二点(切点,垂足点):】。用户再输入第二点,系统在屏幕上从第一点到第二点画出一条直线。

立即菜单的主要作用是可以选择某一命令的不同功能。可以通过鼠标单击立即菜单中的下拉箭头或用快捷键"Alt＋数字键"进行激活,如果下拉菜单中有很多可选项我们使用快捷键"ALT＋连续数字键"进行选项的循环。如上例,如果想在两点间画一条正交直线,那么可以用鼠标单击立即菜单中的【3. 非正交】或用快捷键 Alt＋3 激活它,则该菜单变为【3. 正交】。如果要使用【平行线】命令,那么可以用鼠标单击立即菜单中的【1. 平行线】或用快捷键【Alt＋1】激活它。

4.7 文件操作

众所周知,人们在使用计算机的时候,都是以文件的形式把各种各样的信息数据存储在计算机中,并由计算机管理。因此,文件管理的功能如何,直接影响用户对系统使用的信赖程度。当然,也直接影响到绘图设计工作的可靠性。

CAXA 数控车为用户提供了功能齐全的文件管理系统。其中包括文件的建立与存储、文件的打开与并入、绘图输出、数据接口和应用程序管理等等。用户使用这些功能可以灵活、方便地对原有文件或屏幕上的绘图信息进行文件管理,有序的文件管理环境既方便了用户的使用,又提高了绘图工作的效率,它是数控车系统中不可缺少的重要组成部分。

文件管理功能通过主菜单中的【文件】菜单来实现,单击该菜单项,系统弹出子菜单,如图1-9 所示。

单击相应的菜单项,即可实现对文件的管理操作。下面将按照子菜单列出的菜单内容,向读者介绍各类文件的管理操作方法。

4.8 新文件

创建基于模板的图形文件。

(1)单击子菜单中的【新文件】菜单项,系统弹出新建对话框,如图 1-10 所示。

图 1-9 文件子菜单

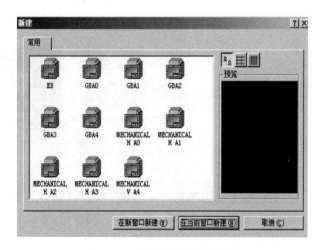

图 1-10 选择模板文件对话框

对话框中列出了若干个模板文件，它们是国标规定的 A0～A4 的图幅、图框及标题栏模板以及一个名称为 EB.tpl 的空白模板文件。这里所说的模板，实际上就是相当于已经印好图框和标题栏的一张空白图纸。用户调用某个模板文件相当于调用一张空白图纸。模板的作用是减少用户的重复性操作。

（2）选取所需模板，单击【在当前窗口新建】按钮，一个用户选取的模板文件被调出，并显示在屏幕绘图区，这样一个新文件就建立了。由于调用的是一个模板文件，在屏幕顶部显示的是一个无名文件。从这个操作及其结果可以看出，CAXA 数控车中的建立文件，是用选择一个模板文件的方法建立一个新文件，实际上是为用户调用一张有名称的绘图纸，这样就大大地方便了用户，减少了不必要的操作，提高了工作效率。如果选择模板后，单击【在新窗口中新建】，将新打开一个数控车绘图窗口。

（3）建立好新文件以后，用户就可以应用前面介绍的图形绘制、编辑、标注等各项功能随心所欲地进行各种操作了。但是，用户必须记住，当前的所有操作结果都记录在内存中，只有在存盘以后，用户的绘图成果才会被永久地保存下来。

（4）用户在画图以前，也可以不执行本操作，采用调用图幅、图框的方法或者以无名文件方式直接画图，最后在存储文件时再给出文件名。

4.9　打开文件

打开一个 CAXA 数控车的图形文件或其他绘图文件的数据。

（1）单击子菜单中的【打开文件】菜单项，系统弹出打开文件对话框，如图 1-11 所示。

图 1-11　打开文件

（2）对话框上部为 Windows 标准文件对话框，下部为图纸属性和图形的预览。

（3）选取要打开的文件名，单击【确定】按钮，系统将打开一个图形文件。

（4）如果读入的为 Dos 版文件，则没有图纸属性和图形的预览，且在打开文件后，将原来的 DOS 版文件作一个备份，将扩展名改为 Old，存放在 TEMP 目录下。

（5）要打开一个文件,也可单击按钮。在【打开文件】对话框中,单击【文件类型】右边的下拉箭头,可以显示出 CAXA 数控车所支持的数据文件的类型,通过类型的选择我们可以打开不同类型的数据文件,如图 1-12 所示。

4.10　在新窗口中打开文件

数控车可以用此功能直接打开另外一个绘图文件。

4.11　存储文件

将当前绘制的图形以文件形式存储到磁盘上。

（1）单击子菜单中的【存储文件】菜单项,如果当前没有文件名,则系统弹出一个如图 1-13 所示的存储文件对话框。

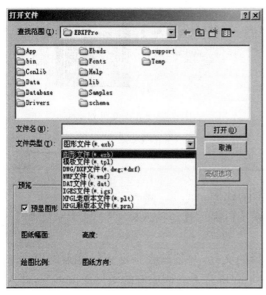

图 1-12　打开文件类型选择　　　　　　　图 1-13　存储文件对话框

（2）在对话框的文件名输入框内,输入一个文件名,单击【确定】按钮。系统即按所给文件名存盘。

（3）如果当前文件名存在(即状态区显示的文件名),则直接按当前文件名存盘。此时,不出现对话框。系统以当前文件名存盘。一般情况下在第一次存盘以后,当再次选择【存储文件】菜单项或输入 Save 命令时,就会出现这种情况。这是很正常的,不必担心因无对话框而没有存盘的现象。经常把自己的绘图结果保存起来是一个好习惯。这样,可以避免因发生意外而使您的绘图成果丢失。

（4）要对所存储的文件设置密码,按【设置】按扭,按照提示重复设置两次密码就可以了。注意对于有密码的文件在打开时要输入密码。如图 1-14 所示。

（5）要存储一个文件,也可以单击█按钮。

在【保存文件】对话框中,单击【文件类型】右边的下拉箭头,可以显示出 CAXA 数控车所支持的数据文件的类型,通过类型的选择我们可以保存不同类型的数据文件。

4.12　并入文件

将用户输入的文件名所代表的文件并入到当前的文件中。如果有相同的层,则并入到相同的层中。否则,全部并入当前层。

(1)单击子菜单中的【并入文件】菜单项,系统弹出如图 1-15 所示的并入文件对话框。

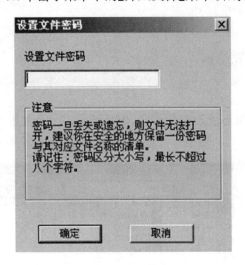

图 1-14 设置文件密码

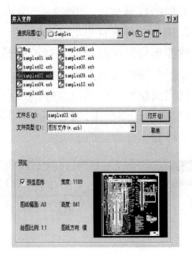

图 1-15 并入文件对话框

(2)选择要并入的文件名,单击【打开】按钮。

(3)系统弹出以下立即菜单,如图 1-16 所示。

其中立即菜单选项【比例】指并入图形放大(缩小)比例。

(4)根据系统提示输入并入文件的定位点后,系统再提示:【请输入旋

转角:】。

图 1-16 比例对话框

(5)用户输入旋转角后,则系统会调入用户选择的文件,并将其在指定点以给定的角度并入到当前的文件中。此时,两个文件的内容同时显示在屏幕上。而原有的文件保留不变,并入后的内容可以用一个新文件名存盘。

注意:将几个文件并入一个文件时最好使用同一个模板,模板中定好这张图纸的参数设置,系统配置以及层、线型、颜色的定义都是一致的。

4.13 视图控制

本书在第四章,将会详细地介绍绘制和编辑图形的有关命令以及相应的操作方法,为了便于绘图,CAXA 数控车还为用户提供了一些控制图形的显示命令。一般来说,视图命令与绘制编辑命令不同。它们只改变图形在屏幕上的显示方法,而不能使图形产生实质性的变化。它们允许操作者按期望的位置、比例、范围等条件进行显示,但是,操作的结果既不改变原图形的实际尺寸,也不影响图形中原有实体之间的相对位置关系。简而言之,视图命令的作用只是改变了主观视觉效果,而不会引起图形产生客观的实际变化。图形的显示控制对绘图操作,尤其是绘制复杂视图和大型图纸时具有重要作用,在图形绘制和编辑过程中要经常使用它们。视图控制的各项命令安排在屏幕子主菜单的【视图】菜单中,如图 1-17 所示。

图 1-17 视图变换子菜单

4.13.1　重画

刷新当前屏幕所有图形。

经过一段时间的图形绘制和编辑,屏幕绘图区中难免留下一些擦除痕迹,或者使一些有用图形上产生部分残缺,这些由于编辑后而产生的屏幕垃圾,虽然不影响图形的输出结果,但影响屏幕的美观。使用重画功能,可对屏幕进行刷新,清除屏幕垃圾,使屏幕变得整洁美观。操作方法很简单,只需用鼠标单击子菜单中的【重画】菜单,或单击【常用】工具栏中的按钮,屏幕上的图形发生闪烁,此时,屏幕上原有图形消失,但立即在原位置把图形重画一遍,也即实现了图形的刷新。

4.13.2　视图窗口

提示用户输入一个窗口的上角点和下角点,系统将两角点所包含的图形充满屏幕绘图区加以显示。

在【视图】子菜单中选择【显示窗口】菜单项,或从常用工具箱中选择按钮。按提示要求在所需位置输入显示窗口的第一个角点,输入后十字光标立即消失。此时再移动鼠标时,出现一个由方框表示的窗口,窗口大小可随鼠标的移动而改变。窗口所确定的区域就是即将被放大的部分。窗口的中心将成为新的屏幕显示中心。在该方式下,不需要给定缩放系数,CAXA 数控车将把给定窗口范围按尽可能大的原则,将选中区域内的图形按充满屏幕的方式重新显示出来。

【举例】

图 1-18 为显示窗口操作在实际绘图中的一个应用。在绘制小半径螺纹时,如果在普通显示模式下,将很难画出内螺纹。而用窗口拾取螺杆部分,在屏幕绘图区内按尽可能大的原则显示,这样就可以较容易地绘制出内螺纹。

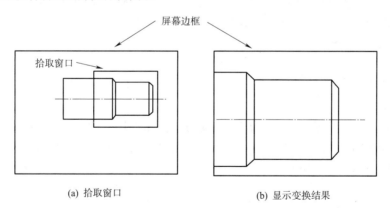

(a) 拾取窗口　　　　　　　　　　　　(b) 显示变换结果

图 1-18　显示窗口操作的应用

4.13.3　全屏显示

全屏幕显示图形。用鼠标单击【视图】菜单中【全屏显示】选项,或单击【常用】工具栏中的全屏显示按钮,即可全屏幕显示图形。按 Esc 键可以退出全屏显示状态。

4.13.4　显示平移

提示用户输入一个新的显示中心点,系统将以该点为屏幕显示的中心,平移显示图形。用鼠标单击【视图】菜单中【显示平移】选项,然后按提示要求在屏幕上指定一个显示中心点,按下鼠标左键。系统立即将该点作为新的屏幕显示中心将图形重新显示出来。本操作不改变放缩系数,只将图形作平行移动。

用户还可以使用上、下、左、右方向键进行屏幕中心显示的平移。

4.13.5　显示全部

将当前绘制的所有图形全部显示在屏幕绘图区内。单击【视图】子菜单中的【显示全部】选项,或单击【常用】工具栏中【显示全部】按钮后,用户当前所画的全部图形将在屏幕绘图区内显示出来,而且系统按尽可能大的原则,将图形按充满屏幕的方式重新显示出来。

4.13.6　显示复原

恢复初始显示状态(即标准图纸状态)。用户在绘图过程中,根据需要对视图进行了各种显示变换,为了返回到初始状态,观看图形在标准图纸下的状态,可用鼠标光标在【视图】子菜单中单击【显示复原】菜单命令,或在键盘中按 Home 键,系统立即将屏幕内容恢复到初始显示状态。

4.13.7　显示放大/缩小

显示放大:按固定比例将绘制的图形进行放大显示。

显示缩小:按固定比例将绘制的图形进行缩小显示。

4.13.8　显示比例

显示放大和显示缩小是按固定比例进行缩放,而显示比例功能有更强的灵活性。可按用户输入的比例系数,将图形缩放后重新显示。

按提示要求,由键盘输入一个(0,1 000)范围内的数值,该数值就是图形放缩的比例系数,并按下回车键。此时,一个由输入数值决定放大(或缩小)比例的图形被显示出来。

4.13.9　显示回溯

取消当前显示,返回到显示变换前的状态。单击【视图】子菜单中的【显示回溯】选项,或在【常用】工具栏中单击显示回溯按钮。系统立即将图形按上一次显示状态显示出来。

4.13.10　显示向后

返回到下一次显示的状态(与显示回溯配套使用)。单击子菜单中的【显示向后】菜单命令。系统将图形按下一次显示状态显示出来。此操作与显示回溯操作配合使用可以方便灵活地观察新绘制的图形。

图 1-19(a)为原图。图 1-19(b)为经过显示放大后的图形。如果对图 1-19(b)进行【显示回溯】操作,系统将重新显示图 1-19(a),如果将重新显示的图 1-19(a)进行【显示向后】操作,系统又将图 1-19(b)再次显示出来。

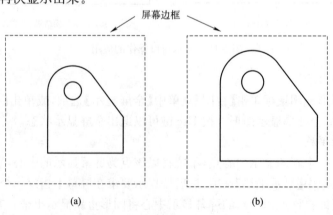

图 1-19　显示回溯与显示向后

4.13.11 重新生成

将显示失真的图形进行重新生成的操作,可以将显示失真的图形按当前窗口的显示状态进行重新生成。单击【视图(s)】菜单中【重新生成】命令,可以执行重新生成命令。

圆和圆弧等元素都是由一段一段的线段组合而成,当图形放大到一定比例时会出现显示失真的效果。如图 1-20 所示。

这时我们便需要使用【重新生成】命令。执行重新生成命令,软件会提示【拾取添加】鼠标变为拾取形状,拾取半径 2.5 的圆形,右击【结束】命令,圆的显示已经恢复正常。如图 1-21 所示。

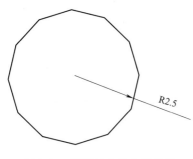

图 1-20 圆形放大的失真效果

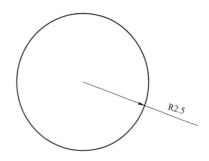

图 1-21 正常显示的圆形

4.13.12 全部重新生成

将绘图区内显示失真的图形全部重新生成。

4.13.13 动态平移

单击【视图】子菜单中的【动态平移】项或者单击动态平移按钮,即可激活该功能,光标变成动态平移图标,按住鼠标左键,移动鼠标就能平行移动图形。右击可以结束动态平移操作。

另外,按住 Ctrl 键的同时按住鼠标左键拖动鼠标也可以实现动态平移,而且这种方法更加快捷、方便。

4.13.14 动态缩放

拖动鼠标放大缩小显示图形。单击【视图】子菜单中的【动态缩放】项或者单击动态显示缩放按钮,即可激活该功能,鼠标变成动态缩放图标,按住鼠标左键,鼠标向上移动为放大,向下移动为缩小,右击可以结束动态平移操作。

另外,按住 Ctrl 键的同时按住鼠标右键拖动鼠标也可以实现动态缩放,而且这种方法更加快捷、方便。

注意:鼠标的中键和滚轮也可控制图形的显示,中键为平移,滚轮为缩放。

4.14 入门实例

以一简单零件的主视图和俯视图绘制为例,说明用 CAXA 数控车绘图的主要过程,如图 1-22 所示。

4.14.1 画主视图

单击主菜单【绘图】菜单中的【直线】一项或者单击【绘图工具】工具栏中【直线】按钮(注:单击菜单和按钮的功能相同,以后我们所有功能均用单击按钮方式)激活绘制直线功能,如图 1-23 所示。

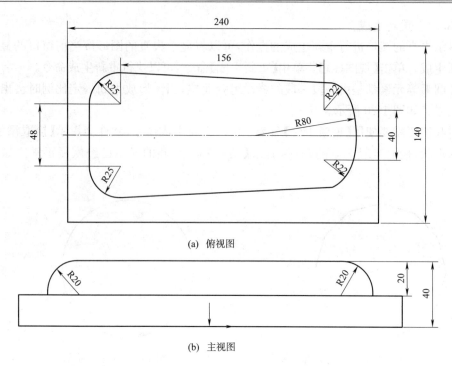

(a) 俯视图

(b) 主视图

图 1-22　一简单零件的主视图和府视图

在立即菜单中选择【两点线】、【连续】、【非正交】方式。系统提示:【第一点(切点、垂足点):】,键盘输入坐标(−120,0)并按回车键确认;系统提示:【第二点(切点、垂足点):】,输入坐标(120,0)并确认。则生成一条一条直线,如图 1-24 所示。

图 1-23　基本曲线子菜单

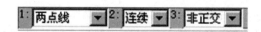

图 1-24　直线命令

单击【等距线】按钮🔲,立即菜单选择如下,单击【5:距离】,弹出输入实数菜单,输入距离20 并确认;同样操作输入份数 1,如图 1-25 所示。

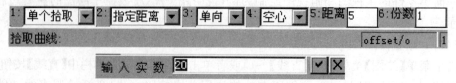

图 1-25　等距线命令

按提示拾取生成的直线,拾取到的直线变为红色;出现箭头,按系统提示拾取向上的箭头方向,等距线生成,如图 1-26 所示。

单击【直线】按钮 ╱,按空格键弹出工具点菜单选择【端点】,然后拾取一条直线的右端;再弹出工具点菜单选择端点,拾取另一条直线的右端,生成一条直线。同样操作生成左端的直线,如图 1-27 所示。

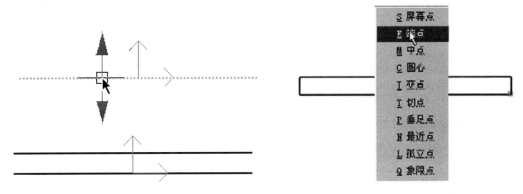

图 1-26   等距线操作   图 1-27   利用工具点菜单画直线

单击【圆弧】按钮 ╱,选择立即菜单如图 1-28 所示,输入半径和起始角度,并确认。按提示输入圆心坐标(82,20),得到一圆弧。

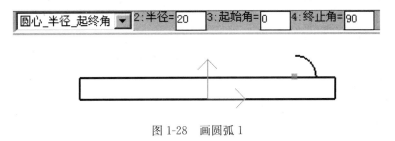

图 1-28   画圆弧 1

改变起始角=90,终止角=180,输入圆心坐标(−82,20)得到另一圆弧,如图 1-29 所示。

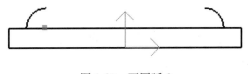

图 1-29   画圆弧 2

单击【直线】按钮 ╱,按空格键在弹出的工具点菜单中选择端点,拾取一圆弧,然后再按空格键选择端点,拾取另一圆弧得到一直线,如图 1-30 所示。

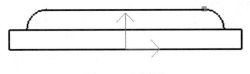

图 1-30   画直线

4.14.2 画俯视图

单击【绘制】工具栏中的【矩形】按钮▣,选择如下立即菜单,输入定位中心坐标(0,0)得到一矩形,如图 1-31 所示。

图 1-31 矩形命令

单击【绘制】工具栏中的【中心线】按钮✐,在立即菜单中填写延伸长度为 3,分别拾取矩形的两较长边,得到矩形的中心线,如图 1-32 所示。

图 1-32 画中心线

单击【绘制】工具栏中的【圆】按钮⊕,在立即菜单中选择【圆心-半径】和【半径】方式,作圆心为(−78,24)和(−78,−24),半径为 25 的两个圆;再作圆心为(78,20)和(78,−20),半径为 22 的两个圆。如图 1-33 所示。

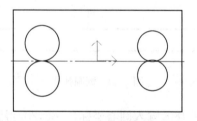

图 1-33 画圆

单击【直线】按钮╱,按空格键在点工具菜单中选择切点,拾取圆,重复操作,作如下与圆两两相切的直线。如图 1-34 所示。

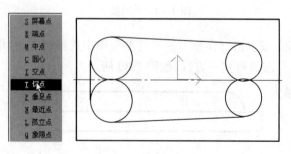

图 1-34 画切线

单击【绘制】工具栏中的【圆弧】按钮 ，在立即菜单中选择【两点-半径】方式，按空格键在工具点菜单中选择切点，拾取右边的一圆，再选择切点，拾取右边另一圆，输入半径 80，得到与两圆相切的圆弧。如图 1-35 所示。

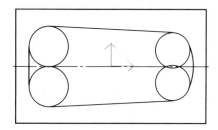

图 1-35　画相切圆弧

单击【编辑】工具栏中的【裁剪】按钮 ，裁掉切线内的圆弧，如图 1-36 所示。

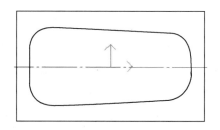

图 1-36　曲线裁剪

至此主视图绘制完成，尺寸标注、幅面设置、调入图框、标题栏和填写标题栏的步骤与前面主视图的操作完全相同，在这里不再赘述。

任务三　CAXA 数控车系统设置

为了使初学者能尽快掌握本软件的功能，并在实践中加深理解，本系统为用户设置了一些初始化的环境和条件。例如，图形元素的线型、颜色、文字的大小等等，用户根据这些初始化的条件可以很轻松地使用本软件，而不必产生操作上的顾虑。本软件把为用户设置的这些初始化条件称为系统设置。在系统内，它们被默认设置，用户可以直接使用它们。

在经过一段实践以后，如果对系统设置的条件不满意，则可以按照一定的操作顺序对它们进行修改，重新设置新的参数或条件。

初学者在学习之初，可以越过本章，直接由项目二开始学习。在具备了一定的操作能力和技巧之后，再学习本章，这样可以对系统设置的内容和条件掌握得更加具体和透彻。对系统中各类参数或条件的重新设置会更加符合专业上的要求。

单击主菜单中的【格式】和【工具】菜单，如图 1-37 所示。然后再单击子菜单的菜单项，即可执行该菜单功能允许的相应操作。

下面依次对子菜单各项进行说明。

图 1-37　系统设置子菜单

1　线型设置

单击【格式】菜单中的【线型】一项，弹出设置线型对话框，如图 1-38 所示。

在设置线型对话框中显示出系统已有的线型。同时通过它可以定制线型、加载线型和卸载线型。

2　定制线型

定制系统的线型。

(1)在打开设置线型对话框后，单击【定制线型】按钮，弹出线型定制对话框，如图 1-39 所示。

图 1-38　设置线型对话框

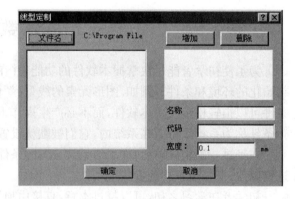

图 1-39　线型定制对话框

(2)单击【文件名】按钮，弹出文件对话框，在该对话框中可以选择一个已有的线型文件进行操作，也可以输入新的线型文件的文件名(线型文件的扩展名为 . LIN)，系统将弹出消息框进行询问是否创建新的线型文件。如图 1-40 所示。

如果单击【确定】按钮则创建新的线型文件，单击【取消】按钮操作无效。

(3)在选择或创建了线型文件后，线型对话框变为如图 1-41 所示。

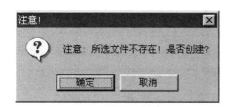

图 1-40　提示消息框

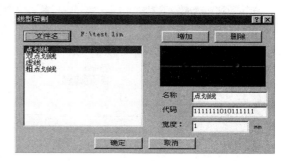

图 1-41　系统设置中线型定制对话框

在【名称】输入框中可以输入新线型的名称或浏览在线型列表框中线型的名称；

在【代码】输入框中可以输入新线型的代码或浏览在线型列表框中线型的代码；

在【宽度】输入框中可以输入新线型的宽度或浏览在线型列表框中线型的宽度。

当以上三项设置完以后，单击【增加】按钮可将当前定义的线型增加到线型列表框中；如果单击【删除】按钮，则删除在线型列表框中光标所在位置的线型。在线型预显框中显示当前线型代码所表示的线型的形式（宽度将不被显示出来），系统线型代码定制规则如下：

线型代码由 16 位数字组成；各位数字为 0 或 1；0 表示抬笔，1 表示落笔。

当所有操作进行完以后，单击【确定】按钮，即可将当前的操作结果存入到线型文件中；单击【取消】按钮所进行操作无效。

3　加载线型

在打开设置线型对话框后，单击【加载线型】按钮，弹出载入线型对话框，如图 1-42 所示。

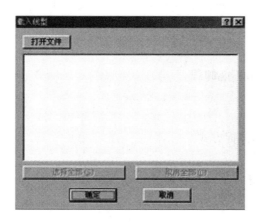

图 1-42　载入线型对话框

单击【打开文件】，弹出打开线型文件对话框，选择要加载的线型文件，并单击【打开】按钮，可以把线型文件加入载入线型对话框中，如图 1-43 所示。

单击【选择全部】或者【取消全部】按钮，能把新线型加入线型设置对话框中或者取消加入的线型。

图 1-43　载入线型操作

4　卸载线型

在设置线型对话框中用鼠标单击新线型,【卸载线型】按钮被激活,单击该按钮便可卸载加入的新线型。如图 1-44 所示。

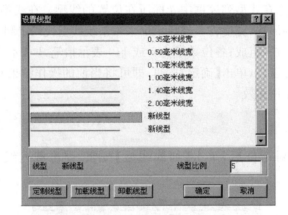

图 1-44　卸载新线型

注意:系统自带的线型不能卸载。

5　捕捉点设置

设置鼠标在屏幕上的捕捉方式。

5.1　设置捕捉方式

单击【工具】菜单中的【捕捉点设置】一项,弹出如图 1-45 所示的对话框。从以上对话框可以看出系统为鼠标提供了如下几种捕捉方式:

5.1.1　自由点捕捉

点的输入完全由当前光标的实际定位来确定。

5.1.2　栅格点捕捉

鼠标捕捉栅格点并可设置栅格点的可见与不可见。

5.1.3　智能点捕捉

鼠标自动捕捉一些特征点,如圆心、切点、垂足、中点、端点等。捕捉范围受拾取设置中的拾取盒大小控制。捕捉到特征点时光标显示发生变化。

5.1.4　导航点捕捉

系统可通过光标对若干种特征点进行导航,如,孤立点、线段端点、线段中点、圆心或圆弧象限点等,同样在使用导航的同时也可以进行像智能点一样的捕捉,增强捕捉精度。导航点的捕捉范围受拾取设置中的拾取盒大小控制,导航角度可以进行选择或者重新设置。如图 1-46 所示。

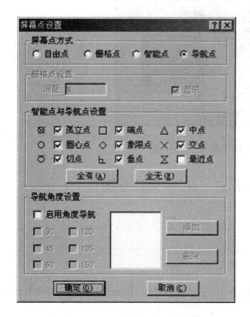

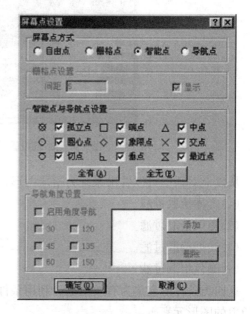

图 1-45　屏幕点设置对话框　　　　　　　　　　图 1-46　屏幕点设置

系统默认捕捉方式为智能点捕捉。可以利用热键【F6】切换捕捉方式或在状态条的列表框中进行切换。

设置捕捉方式为自由点捕捉操作顺序:

(1)在以上对话框中选取【自由点】。

(2)单击【确定】按钮,确认此次设置,单击【取消】,放弃此次设置。

设置捕捉方式为栅格点捕捉操作顺序:

(1)在以上对话框中选取【栅格点】。

(2)输入栅格点间距(系统默许值 5.00)。

(3)如欲显示栅格点,单击对话框中【显示栅格点】。

(4)单击【确定】按钮,确认此次设置,单击【取消】按钮,放弃此次设置。

设置捕捉方式为智能点捕捉或导航点捕捉操作顺序:

(1)在以上对话框中选取【智能点】或【导航点】。

(2)如欲改变点捕获设置,选取对话框中相应点。

(3)单击【确定】按钮,确认此次设置,单击【取消】按钮,放弃此次设置。

5.2　拾取过滤设置

设置拾取图形元素的过滤条件和拾取盒的大小。

单击【工具】菜单中的【拾取过滤设置】一项,弹出如图 1-47 所示的对话框。

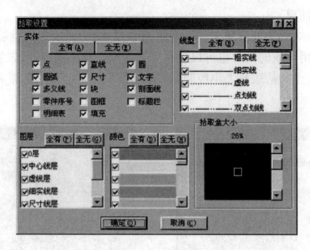

图 1-47　系统设置中屏幕拾取设置对话框

从以上对话框可以看出系统为拾取图形元素提供了如下 4 类过滤条件：

(1)实体拾取过滤。

(2)图层拾取过滤。

(3)线型拾取过滤。

(4)颜色拾取过滤。

这四类条件的交集为有效拾取。利用条件组合进行过滤，可以快速、准确地从图中拾取到想拾取的图形元素。

系统默认的拾取过滤条件如图 1-47 所示。

设置拾取过滤条件操作顺序：

(1)选取欲设置元素左边的复选框(如实体中直线、圆,层中虚线层等等)。

(2)单击【确定】按钮,确认此次设置,单击【取消】,放弃此次设置。

设置拾取盒大小仅需拖动右下角的滚动条,而后单击【确定】按钮。拾取盒愈大拾取范围愈大,但精度愈低,反之亦然。

5.3　样式控制

集中设置系统的标注风格、文本风格和图层。并提供强大的导出、并入、合并、过滤等管理功能。

样式控制里面可以集中进行标注风格、文本风格和图层的设置,如图 1-48 所示。例如修改某个名称为标准的标注风格。按照如下操作进行：

单击标注风格左边的【＋号】会把系统当前存在的标注风格显示出来,例如要修改【标准】这个标注风格,单击【标准】,右边的窗口会弹出标注风格修改界面,直接修改就可以了,修改完毕后单击【保存】。

5.4　用户坐标系

本项菜单的功能是设置、切换、可见和删除用户坐标系。

单击【工具】菜单的【用户坐标系】一项,弹出的子菜单如图 1-49 所示,然后选择子菜单的各项。

图 1-48 样式控制　　　　　　　　图 1-49 系统设置中用户坐标系子菜单

5.5 界面操作面孔

在【工具】菜单中的【界面操作】选项中包括以下命令:恢复老面孔(显示新面孔);界面重置;保存界面配置;加载界面配置。

恢复老面孔(显示新面孔):单击该项,将界面恢复成为 CAXA 数控车的老界面,【界面操作】选项中该项变为【显示新面孔】,同样单击该项可以回到新界面。

界面重置:单击该项,将界面恢复成为软件的出厂设置界面。

保存界面配置:单击该项,将用户自定义的操作界面进行保存,保存文件后缀名为". uic"。

加载界面配置:单击该项,将用户保存的自定义界面文件加载调用。

任务四　CAXA 数控车界面编辑方式

图形编辑功能包括重复操作、取消操作、选择所有、图形剪切、图形复制、图形粘贴、清除、清除所有、选择性粘贴、插入对象、删除对象等 14 项内容。它们都属于主菜单中的编辑子菜单。用鼠标单击主菜单的【编辑】选项,可弹出子菜单。如图 1-50 所示。

其中有些菜单也被放置在常用工具箱,并以按钮的形式出现。例如,取消操作、重复操作、删除等等。这样双重安排的目的就是为了便于操作,提高绘图效率。

1　取消操作与重复操作

取消操作与重复操作是相互关联的一对命令,所以将它们放在一节中进行叙述。

1.1　取消操作

用于取消最近一次发生的编辑动作。用鼠标单击编辑菜单中的【取消操作】菜单或单击【标准】工具栏中的按钮,即可执行本命

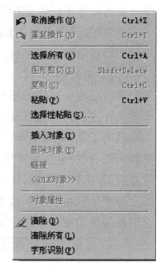

图 1-50　编辑菜单

令。它用于取消当前最近一次发生的编辑动作。例如,绘制图形、编辑图形、删除实体、修改尺寸风格和文字风格等等。它常常用于取消一次误操作。例如,错误地删除了一个图形,即可使用本命令取消删除操作。取消操作命令具有多级回退功能,可以回退至任意一次操作的状态。

1.2 重复操作

它是取消操作的逆过程。只有与取消操作相配合使用才有效。

单击子菜单中的【重复操作】菜单或单击【常用】工具栏中的按钮⤴,都可以执行重复操作命令。它用来撤消最近一次的取消操作,即把取消操作恢复。重复操作也具有多级重复功能,能够退回(恢复)到任一次取消操作的状态。

注意:这里取消操作和重复操作只是对数控车绘制的图形元素有效而不能对 OLE 对象和幅面的修改进行取消和重复操作,因此请用户在进行上述操作时应慎重。

2 图形剪切、图形复制与图形粘贴

图形剪切、图形复制与图形粘贴也是一对有相互关联的命令,使用时应注意它们的相互联系。

2.1 图形复制与图形剪切

将选中的图形存入剪贴板中,以供图形粘贴时使用。

图形复制区别于曲线编辑中的平移复制,它相当于一个临时存储区,可将选中的图形存储,以供粘贴使用。平移复制只能在同一个数控车文件内进行复制粘贴,而图形复制与图形粘贴配合使用,除了可以在不同的数控车文件中进行复制粘贴外,还可以将所选图形送入Windows 剪贴板,粘贴到其他支持 OLE 的软件(如 WORD)中。

图形剪切与图形复制不论在功能上还是在使用上都十分相似,只是图形复制不删除用户拾取的图形,而图形剪切是在图形复制的基础上再删除掉用户拾取的图形。

单击【编辑】子菜单中的【复制】菜单项,或直接单击【复制】按钮▦,然后用鼠标拾取需要复制的实体。被拾取的实体呈红色显示状态。拾取结束后,右击加以确认。接下来根据系统提示输入图形的定位基点。这时,屏幕上看不到什么变化,确认后的实体重新恢复原来颜色显示。但是在剪贴板中已经把拾取的实体临时存储起来。并等待用户发出图形粘贴命令来使用它。

如果单击【图形剪切】菜单项,则输入完定位基点以后,用户拾取的图形在屏幕上消失,这部分图形已被存入剪贴板。

2.2 图形粘贴

将剪贴板中存储的图形粘贴到用户所指定的位置,也就是将临时存储区中的图形粘贴到当前文件或新打开的其他文件中。

单击子菜单中【图形粘贴】即可执行本命令。本命令执行后,复制操作时用户拾取的图形重新出现,同时系统要求输入插入定位点。并且,图形随鼠标的移动而移动。待用户找到合适位置后,单击鼠标左键,即可以把该图形粘贴到当前的图形中。在粘贴的过程中用户还可以根据立即菜单和系统提示改变粘贴方式【2:】选择拷贝为块或者保持原态,以及图形 X、Y 方向的比例和旋转角度。在粘贴为块命令中,用户可以选择是否消隐,如图 1-51 所示。

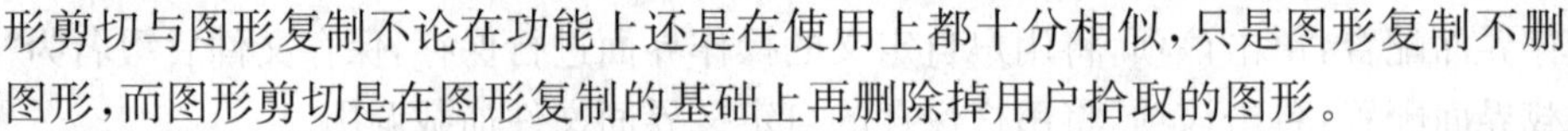

1: 定点 ▼	2: 拷贝为块 ▼	3: 不消隐 ▼	4: X向比例 1	5: Y向比例 1

图 1-51 图形编辑

图形复制与图形粘贴配合使用,可以灵活地对图形进行复制和粘贴。尤其是在不同文件之间的图形传递中,使用它们将会非常的方便。

3 清除与清除所有

清除和清楚所有都是执行删除实体的操作。一个是删除拾取到的实体,一个是删除所有的当前实体。下面分别予以介绍。

3.1 拾取清除

删除拾取到的实体。单击【编辑】子菜单中的【清除】菜单或单击【编辑】工具栏中的按钮 。再按操作提示要求拾取想要删除的若干个实体,拾取到的实体呈红色显示状态。待拾取结束后,右击确认,被确认后的实体从当前屏幕中被删除掉。如果想中断本命令,可按下 ESC 键退出。

注意:系统只选择符合过滤条件的实体执行删除操作。

3.2 清除所有

将所有已打开图层上的符合拾取过滤条件的实体全部删除。

系统以对话框的形式对用户的【清除所有】操作提出警告,若认为所有打开层的实体均已无用,则可单击【确定】按钮,对话框消失,所有实体被删除。若认为某些实体不应删除或本操作有误,则单击【取消】按钮,对话框消失后屏幕上图形保持原样不变。如图 1-52 所示。

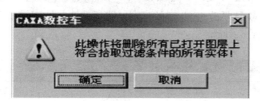

图 1-52 删除所有对话框

4 改变颜色

改变拾取到的实体的颜色。用户应当注意只有符合过滤条件的实体才能被改变颜色。(如拾取的实体为块时,只有当块内图素的颜色为 BYBLOCK 时该图素的颜色才能被改变)。

单击【修改】子菜单中的【改变颜色】 选项。命令执行后,按操作提示的要求,用鼠标拾取要改变颜色的一个或多个实体。拾取结束后,右击进行确认,确认后,系统弹出一个如图 1-53 所示的选择颜色对话框。

选择颜色对话框与 Windows 画笔等软件的选择颜色对话框大体相同,对话框中列出了系统提供的 48 种基本颜色选择按钮、16 种用户自己定义颜色的选择按钮和当前层颜色(Bylayer)、当前块颜色(Byblock)选择按钮,用户可根据作图的需要任意选取。操作时,只需将鼠标单击所选颜色按钮,然后再用鼠标单击【确定】按钮。用户拾取的实体颜色变为相应的颜色,而未被拾取的实体颜色不变。

注意:此时,屏幕绘图区上部状态显示行中的颜色并不发生变化。即当前系统的绘图颜色状态不变,发生改变的只是用户选择的实体。

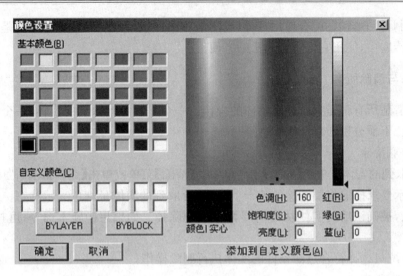

图 1-53　选择颜色对话框

5　改变线型

改变拾取到的实体的线型类型。注意：只有符合过滤条件的实体才能被改变线型。

单击【修改】子菜单中的【改变线型】按钮 ，可以执行本命令。命令执行后，按操作提示要求，用鼠标拾取一个或多个要改变线型的实体，然后，右击加以确认，确认后系统立即弹出一个选择线型对话框，如图 1-54 所示。

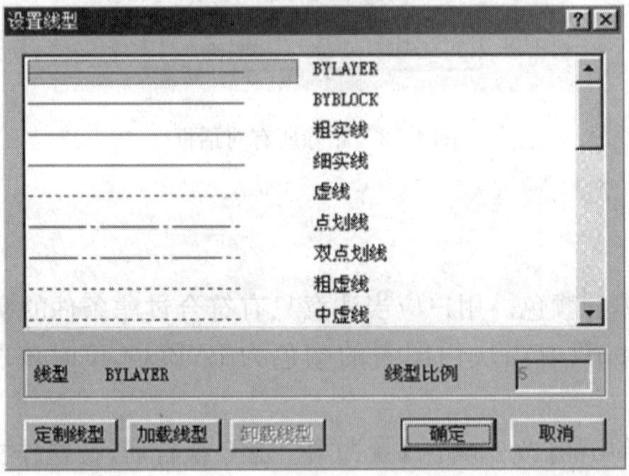

图 1-54　设置线型对话框

用户可根据作图需要，从对话框中选取需要改变的线型类型，选中后，按下其左键；然后，再用鼠标单击【确定】按钮，被选中改变线型的实体用新线型显示出来。用户还可以定制线型、加载自定义的线型（自定义线型的内容可参照任务三系统设置中的线型定制部分）。加载方法是：

（1）在设置线型对话框中单击【定制线型】、【加载线型】按钮，进入【载入线型】对话框。

（2）单击【打开文件】按钮，选取线型文件（后缀为 ＊.lin）后，对话框内列出该文件中的所有线型，如图 1-55 所示。可用鼠标左键选取所需线型，也可以利用【选择全部】按钮选择全部线型。

图 1-55　载入线型对话框

　　(3)选完后单击【确定】回到设置线型对话框,可以看到新选的线型已经被加入到线型列表中,单击【确定】按钮,这时加载线型操作全部完成。

　　(4)用户还可以对加载的线型进行卸载,方法很简单,只需要用鼠标选取要卸载的线型,然后单击【卸载线型】按钮即可。

　　注意:系统只改变当前选中的实体线型,而不改变当前系统的绘图线型,状态显示区也不发生变化。

6　改变图层

　　改变拾取到的实体所在的图层。

　　注意:只有符合拾取过滤条件的实体才能被改变图层。

　　单击【修改】子菜单中的【改变层】选项或者编辑栏里的 $\mathcal{Z}$ 图标。用户可通过下拉菜单选择【移动层】方式和【复制层】方式。其中【移动层】方式是指改变用户所选图形的层状态,而【复制】方式是指将所选图形复制到其他层或多个层中,而不改变当前层信息。命令执行后,按操作提示要求用鼠标选择要改变图层的若干个实体。然后,右击加以确认。确认后,系统弹出一个层控制对话框。如图 1-56 所示。

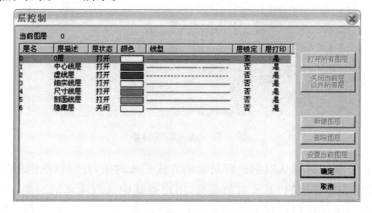

图 1-56　层控制对话框

在层控制对话框中,用户可根据作图需要,用鼠标左键单击所需的图层,完成后单击【确定】按钮。这时在屏幕上被拾取的实体按新选定图层上的线型类型和颜色显示出来。

与改变线型、改变颜色的操作一样,本命令的操作只把拾取的实体放入选中的图层,而不能改变当前的系统状态,即状态显示不变。

注意:层控制对话框是实现层操作的主要方式,在本章中我们只介绍它改变实体层属性的功能。

以上的改变线型、改变颜色及改变图层的命令与属性工具条中的改变层和改变线型下拉列表框在功能上稍有不同,前者只改变被拾取实体的状态,不改变系统状态。而后者改变的是系统的状态,即改变系统的图层、线型和颜色并在状态显示区内显示这种变化。

7 对象链接与嵌入(OLE)的应用

对象链接与嵌入(Object Linking and Embeding)简称 OLE,是 Windows 提供的一种机制,它使用户可以将其他 Windows 应用程序创建的【对象】(如图片、图表、文本、电子表格等)插入到文件中。这样,可以满足多方面的需要,使用户可以方便快捷的创建形式多样的文件。有关对象链接与嵌入的主要操作有:插入对象、对象的删除、剪切、复制、粘贴和选择性粘贴、打开和编辑对象、对象的转换、对象的链接、察看对象的属性等。这些功能基本都是通过主菜单中的【编辑】子菜单以及子菜单的下拉菜单来实现的。此外,用数控车绘制的图形本身也可以作为一个 OLE 对象插入到其他支持 OLE 的软件中。

下面对个功能依次进行介绍。

7.1 插入对象

在文件中插入一个 OLE 对象。可以新创建对象,也可以从现有文件创建;新创建的对象可以是嵌入的对象,也可以是链接的对象。

7.1.1 在【编辑】子菜单中单击【插入对象】选项,弹出【插入对象】对话框,如图 1-57 所示。

图 1-57 插入新建对象

7.1.2 对话框弹出时默认以创建新对象的方式插入对象,在对话框的对象类型列表框中列出了在系统注册表中登记的 OLE 对象类型,用户可从中选取所需的对象,单击【确定】按钮后,将弹出相应的对象编辑窗口对插入对象进行编辑,例如选择 BMP 图像,则会弹出应用程序【画笔】进行编辑。

7.1.3 若在对话框中不选【新建】方式，而选择【由文件创建】，则对话框如图 1-58 所示。

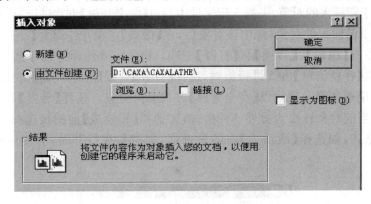

图 1-58 从文件创建对象

用户可单击【浏览】按钮，打开【浏览】对话框，从文件列表中选取所需的文件，该文件将以对象的方式嵌入到文件中。

7.1.4 以上介绍的两种方法均是将对象嵌入到文件中，嵌入的对象已成为数控车文件的一部分。其实除了嵌入方式以外，还可以用链接的方式插入对象。链接与嵌入的本质区别在于，链接的对象并不真正是数控车文件的一部分，该对象存于一个外部文件中，在数控车文件中只保留一个链接信息，当外部文件被修改时，数控车文件中的对象也自动被更新。实现对象链接的方法很简单，只需在图 1-58 所示的对话框中选中文件后，核选【链接】选项，单击【确定】后对象就会以链接方式插入到文件中。

7.1.5 在插入对象对话框中还有一个【显示为图标】核选框，如果用户核选该项后，则在文件中对象显示为图标，而不是对象本身的内容。

注意：可以插入对象的类型完全由用户的计算机中所安装的软件的类型所决定，比如用户的计算机中如果没有安装 WORD，则不能够在数控车中插入用 WORD 生成的文档或表格。另外，当使用有关 OLE 的操作时，应将绘图区的背景色设为白色，因为当背景色为黑色时，有些插入的对象可能会显示不出来。

7.2 打开和编辑对象

改变插入到文件中的对象的位置、大小和内容。

7.2.1 为了修改对象的位置、大小和内容，应首先用鼠标左键单击对象以选中对象。被选中的对象四周会产生八个被称为【尺寸句柄】的小黑方块，用鼠标拖动小黑方块可改变对象的大小。若用鼠标单击对象内部并实现拖动，则可以拖动对象来改变对象的位置。如果用左键单击对象时选不中对象，即对象四周出现不了尺寸句柄时，可检查屏幕绘图区右下角的拾取点方式下拉框是否变灰，如果变灰则按 ESC 键可恢复正常拾取状态，这时再单击对象则可选中对象。

7.2.2 对于嵌入的对象，有两种方法打开和编辑对象：一种是【在位编辑】方式，使用这种方式编辑对象时，不再单独打开对象的编辑器，而是将编辑器的界面与数控车的界面合并到一起，在数控车的内置窗口中编辑对象，编辑完成后按 ESC 键即可返回数控车的用户界面。另一种是【完全开放】的编辑方式，使用这种方式时将单独打开一个对象的编辑窗口，比如编辑

BMP 位图时将打开【画笔】进行编辑，编辑完成后，关闭编辑窗口将返回数控车用户界面。对于链接的对象，则只有【完全开放】一种编辑方式。

　　7.2.3　对于新插入的对象，一插入到文件中就以【完全开放】方式进行第一次编辑。

　　7.2.4　对于已插入的对象，选中该对象后，在【编辑】子菜单中选择【……对象】选项，在弹出的下一级中有【编辑】、【转换】和【打开】三项，如图 1-58 所示。对于嵌入的对象，选择【编辑】选项则以【在位编辑】方式进行编辑，选择【打开】则以【完全开放】方式进行编辑。对于链接对象，不论选择哪一项均以【完全开放】方式编辑对象。选择【转换】则出现如图 1-59 所示的选项，将当前对象转换为另外一种格式，如选择【转换成】前的核选框，则对象转换成所选的另一种格式，如选择【激活为】前的核选框，则对象在打开时，会使用所选择的程序启动。

图 1-59　转换及转换选项

　　7.2.5　另外，用鼠标左键双击对象可直接用【在位编辑】方式编辑对象，若按住 CTRL 键双击对象，则直接进入【完全打开】编辑方式。

　　7.3　对象的删除、剪切、复制与粘贴

　　7.3.1　对象的删除、剪切、复制和粘贴与用数控车所绘制的图形的删除、剪切、复制和粘贴操作有所不同。对象的复制、粘贴利用的是 Windows 提供的剪贴板，可以与其他的 Windows 软件进行对象的复制、粘贴操作。

　　7.3.2　当要删除一个对象时，应先选中这个对象，再从【编辑】子菜单中选择【删除对象】选项，也可以在选中对象后按 Delete(或 Del)键进行删除。

　　7.3.3　对象的剪切、复制和粘贴与图形的剪切、复制和粘贴操作都是通过【编辑】中的【图形剪切】、【图形复制】和【图形粘贴】选项来完成的，但操作方法不太相同。对于图形的操作是先选择项，再拾取图形，右击结束操作。而对于 OLE 对象，则应首先选中对象，再选择项来实现操作。

　　7.4　选择性粘贴

　　将剪贴板中的内容按照所需的类型和方式粘贴到文件中。

　　7.4.1　在其他支持 OLE 的 Windows 软件中选取一部分内容复制到剪贴板中，比如可以在 Microsoft Word 中复制一行文字。在选择【对象】右击出现的快捷菜单中选择【选择性粘贴】选项，弹出如图 1-60 所示的对话框。

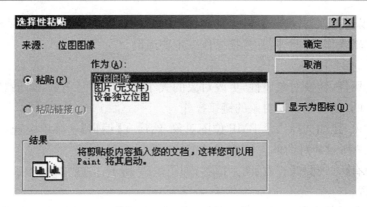

图 1-60　选择性粘贴对话框

7.4.2　在对话框中列出了复制内容所在的源,即来自哪一个文件。

7.4.3　如果用户选择【粘贴】则所选内容将作为嵌入对象插入到文件中,在列表框中用户可以选择以什么类型插入到文件中。如果选择了位图图像,则选中的部分将启动 Paint 程序的位图图像方式粘贴到文件中。如果选择了设备独立,则选中的文字将转化为设备独立位图插入到文件中。如果选择了图片(元文件),则将一副图片插入到文件之中。

7.4.4　如果选择【粘贴链接】方式,则选中的文本将作为链接对象插入到文件中。

7.5　链接对象

实现以链接方式插入到文件中的对象的有关链接的操作。

7.5.1　首先用鼠标左键选中以链接方式插入的对象。

7.5.2　在【编辑】菜单中单击【链接】选项或右击对象,弹出如图 1-61 所示的对话框。

注意:如果选中的对象是嵌入对象而不是链接对象,则【链接】选项变灰,禁止用户选择。

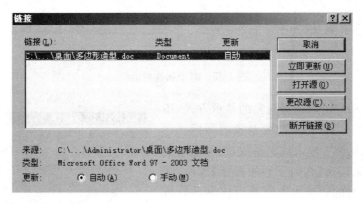

图 1-61　链接对话框

7.5.3　在对话框中列出了链接对象的源、类型及更新方式。如果用户选择了【手动】更新方式,则可以通过【立即更新】按钮进行对象的更新,如果选择【自动】更新方式,则插入对象会根据源文件的改变自动更新。

7.5.4　用户可以通过【打开源】按钮打开对象所在的源文件,以实现链接对象的编辑。

7.5.5　如果用户选中【更改源】按钮,将弹出【更改源】对话框,在对话框中选择与原来对象类型相同的其他文件,这样就可以通过更改链接对象的源文件的方式来改变链接对象。

7.5.6 如果选择【断开链接】按钮,则文件中的对象与源文件的链接关系将断开,不能再对该对象进行编辑操作,因此,断开链接操作一定要谨慎。

7.6 对象属性

查看对象的属性,转换对象属性,更改对象的大小、图标、显示方式,如果对象是以链接方式插入到文件中的,还可以实现对象的链接操作。

首先选中对象,比如选择一个 BMP 位图对象,然后在【编辑】子菜单中选择【对象属性】选项,弹出如图 1-62 所示的对话框。

在对话框中有【常规】和【查看】两个标签,如图 1-62 所示。在【常规】标签中列出了对象的类型、大小和位置。

由于嵌入对象后使文件变得比较大,因此当确认嵌入的对象不需要修改时,可点【转换】按钮来转换对象的类型,将对象变为与设备无关的图形格式,这样将大大缩减文件的大小。这里【转换】按钮的作用与使用方法和【对象】中的【转换】选项完全一样。

若用户选择【查看】标签,则对话框发生改变,如图 1-62(a)所示。

(a)

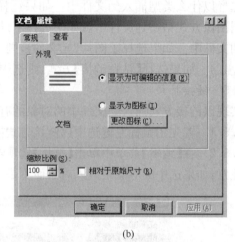

(b)

图 1-62 对象属性对话框

在对话框中用户可以选择对象的显示方式,还可以单击【更改图标】按钮来改变对象的图标。在对话框底部的编辑框中输入比例系数,则可以改变对象的大小,如果核选【相对于原始尺寸】选项,则会按照对象插入时的原始大小再乘以比例系数所获得的大小来显示。

如果用户选择的对象为链接对象,则对话框中会多一个【链接】标签,如图 1-63 所示。

7.7 使用右键快捷实现对象的操作

通过鼠标右键快捷、方便的实现有关 OLE 对象的所有操作。

用鼠标右键单击 OLE 对象内部,可弹出快捷键,选择【BMP 图像对象】子菜单,可以实现有关

图 1-63 链接对象的属性

OLE对象的几乎所有的操作,每个项的功能及使用方法与前面介绍的相同,用户可以参照前面章节的有关内容。

7.8　将数控车绘制的图形插入到其他软件中

以上所介绍的是将其他软件生成的对象插入到数控车文件中,而用数控车绘制的图形也可以作为一个OLE对象插入到其他支持OLE的软件中。下面就以常用的字处理软件Microsoft Word 2007为例,介绍如何在这些软件中插入用数控车绘制的图形。

7.8.1　插入数控车对象

在文件中插入一个数控车对象。可以新创建对象,也可以从现有的＊.exb文件创建;新创建的对象可以是嵌入的对象,也可以是链接的对象。

(1)在Word编辑状态下,将光标移动到要插入数控车对象的位置。

(2)在主菜单的【插入】中单击【对象】选项,弹出如图1-64所示的对话框。

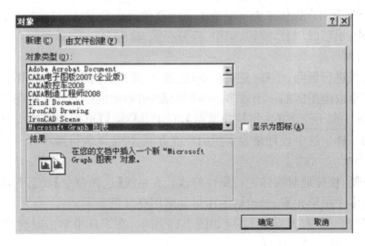

图1-64　插入对象对话框

(3)这个对话框与图1-64所示的对话框虽然形式上有所不同,但使用方法都一样,创建对象的方法也是两种:新建和由文件创建。在【新建】标签中的对象类型列表框中选择【CAXA数控车】类型,单击【确定】按钮后,将会自动打开数控车的编辑窗口,用户可以绘制所需的图形。

(4)当图形绘制完成后,关闭数控车,这时可以看到绘制的图形已作为一个OLE对象插入到Word文档中。

(5)通过用鼠标拖动数控车对象周围的八个尺寸句柄,可以将其调整为合适的大小。还可以用鼠标左键双击对象,打开数控车编辑窗口进行编辑修改。

注意:在Word中插入图形的大小和形状由屏幕绘图区的大小和形状所决定,因此用户在关闭数控车前最好先用【显示全部】功能将所绘制的图形全部显示在绘图区内。

(6)用户还可以选【由文件创建】方式,根据已经存在的＊.exb文件创建嵌入或链接的数控车对象。

7.8.2　数控车对象的剪切、复制和粘贴

从用数控车绘制的图形中选择一部分复制粘贴到其他软件中。

(1)单击【编辑】菜单中的【复制】项,或直接单击【复制】按钮。

（2）用鼠标拾取需要复制的实体，被选中的实体呈亮红色显示状态，拾取结束后，右击加以确认。

（3）根据系统提示输入图形的定位基点。这时，屏幕上看不到什么变化，确认后的实体重新恢复原来颜色显示，但是在剪贴板中已经把选中的实体临时存储起来。

（4）这时如果在数控车中单击【图形粘贴】选项，则按照 2.2 节中所介绍的方法在数控车文件中进行粘贴；而这时如果打开 Word，在【编辑】中选择【粘贴】或直接单击粘贴按钮![button]，则可以将选中的图形作为数控车对象插入到 Word 文档中。

（5）如果单击【图形剪切】项，则输入完定位基点以后，用户拾取的图形在屏幕上消失，但这部分图形已被存入剪贴板，其他的操作与【复制】相同。

8   鼠标右键操作功能中的图形编辑

CAXA 数控车为用户提供了面向对象的右键直接操作功能，即可直接对图形元素进行属性查询、属性修改、平移（复制）、旋转、镜像、部分存储、输出 Dwg/Dxf 等等。

8.1   曲线编辑

对拾取的曲线进行删除、平移（复制）、旋转、镜象、阵列、比例放大等操作。

用鼠标左键拾取绘图区的一个或多个图形元素，被拾取的图形元素用亮红色显示，随后右击，弹出一个如图 1-65 所示的【右键快捷菜单】，在工具栏中可单击相应的按钮，操作方法与结果和前面介绍的一样。这个设计是为了使用户能方便、快捷地进行操作。

8.2   属性修改

使用户能方便、快捷地对实体进行属性修改。在系统【选择命令】状态下，用鼠标左键拾取绘图区的一个或多个图形元素，被拾取的图形元素用亮红色显示。

随后右击，弹出一个右键操作工具，如图 1-65 所示，在工具中单击属性修改选项，弹出如图 1-66 所示的【属性修改】对话框。

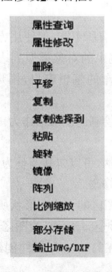

图 1-65   右键快捷菜单

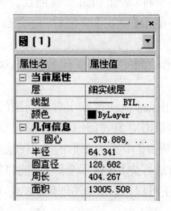

图 1-66   属性修改对话框

用户可分别单击层控制、线型、颜色按钮进行属性修改，单击按钮后会弹出相应的对话框。

9　格 式 刷

使所选择的目标对象依据源对象的属性进行变化。单击修改菜单中的【格式刷】命令或单击编辑工具栏中的格式刷按钮，都可以执行格式刷命令。

当选择格式刷命令时，软件会提示选择【拾取源对象】，选取图中的源对象软件会提示【拾取目标对象】。选择目标对象后即可使用鼠标右键结束格式刷的命令。效果如图 1-67 所示。

使用该功能也可以对【文字】、【标注】等对象进行修改。

10　文字替换查找

使所选择的目标对象依据源对象的属性进行变化。单击【修改】菜单中的【文字查找与替换】命令，则弹出如图 1-68 所示对话框。

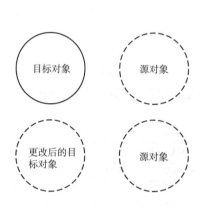

图 1-67　格式刷的使用

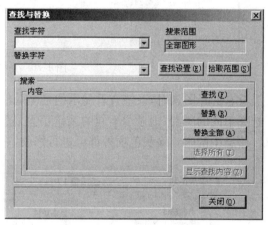

图 1-68　查找与替换界面

查找字符：输入需要查找或者待替换的字符。

替换字符：输入替换后的字符。

搜索范围：默认搜索范围为全部图形，可通过单击【拾取范围】对搜索范围进行更改。

查找设置：单击【查找设置】会弹出如图 1-69 所示对话框，通过【拾取到文字】、【拾取到尺寸】、【区分大小写】、【全字匹配】四个选项，对替换内容进行限定，如果选择【拾取到文字】则查找范围会包括图形中的文字内容，选择【拾取到尺寸】则查找范围会包括图形中的尺寸内容，选择【区分大小写】则会对内容中字母的大小写加以区分，选择【全字匹配】，则查找的内容必须与所输入的字型完全匹配，包括字数，格式等。

图 1-69　查找设置

注意：查找对标题栏和明细表以及图框中的字符不起作用。

11　系统查看

对所选取的图素进行属性查看以及属性修改。

单击并选择【工具】菜单中的【属性查看】命令，则界面左侧出现属性查看栏。如图 1-70 所示。

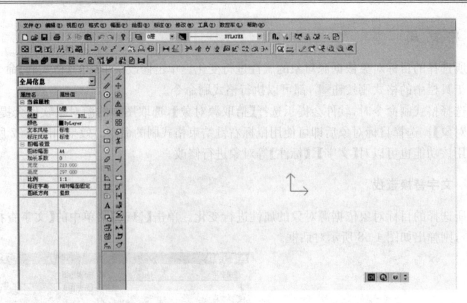

图 1-70   系统查看

当没有选择图素时,系统查看显示的是全局信息,如图 1-71 所示,此时可单击各项进行修改。选择不同的图素,则显示不同的系统信息,图 1-71 中是选择圆和选择直线时的属性查看信息。信息中的内容除灰色项外都可进行修改。

全局信息	
属性名	属性值
□ 当前属性	
层	0层
线型	BYL...
颜色	☐ByLayer
文本风格	标准
标注风格	标准
□ 图幅设置	
图纸幅面	A4
加长系数	0
宽度	297.000
高度	210.000
比例	1:1
标注字高	相对幅面固定
图纸方向	横放

圆【1】	
属性名	属性值
□ 当前属性	
层	0层
线型	BYL...
颜色	☐ByLayer
□ 几何信息	
⊞ 圆心	−192.658, ...
半径	43.302
圆直径	86.605
周长	272.078
面积	5890.818

直线【1】	
属性名	属性值
□ 当前属性	
层	0层
线型	BYL...
颜色	☐ByLayer
□ 几何信息	
⊞ 起点	−264.504, ...
⊞ 终点	−92.759, 9...
长度	183.163
X增量	171.745
Y增量	−63.657

(a) 全局信息   (b) 圆信息   (c) 直线信息

图 1-71   图素修改

项目二　CAXA 数控车图形绘制

学习目标

掌握 CAXA 数控车圆弧的绘制方法
掌握 CAXA 制数控车样条曲线的绘制方法

任务一　CAXA 数控车线型绘制

图形的绘制是 CAD 绘图软件构成的基础,CAXA 数控车以先进的计算机技术和简捷的操作方式来代替传统的手工绘图方法,正是通过本章的内容予以体现的。CAXA 数控车为用户提供了功能齐全的作图方式,利用其可以绘制各种各样复杂的工程图纸。本章以一些简单的图形绘制为例,主要介绍绘图命令和操作方法。在操作手段上,虽然本系统设置了鼠标和键盘两种输入方式,但是,为了叙述上的方便,多数场合下,操作方式的介绍主要以鼠标方式为主,必要时,两者予以兼顾。当然,一个熟练的绘图设计者,两种操作方法都应当熟练掌握。鼠标操作时单击菜单项和菜单项对应的按钮功能完全相同,但是单击按钮更快捷方便。

本节的内容就是介绍【绘图】所包含的各种图形元素的绘制方法。单击主菜单中的【绘图】菜单,如图 2-1 所示。

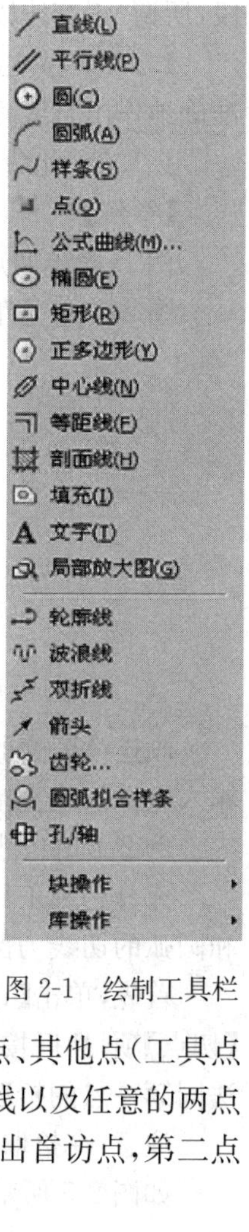

1　直　线

直线是图形构成的基本要素,而正确、快捷地绘制直线的关键在于点的选择,在 CAXA 数控车中拾取点时,可充分利用工具点、智能点、导航点、栅格点等功能,在点的输入时,一般以绝对坐标输入,但根据实际情况,还可以输入点的相对坐标和极坐标(有关点的输入问题参照第中的相关部分),为了适应各种情况下直线的绘制,CAXA 数控车提供了两点线、平行线、角度线、角等分线和切线/法线、等分线这六种方式,下面逐一的进行详细介绍。同时将介绍系统的直线拉伸与 N 等分操作。

1.1　两　点　线

在屏幕上按给定两点画一条直线段或按给定的连续条件画连续的直
线段。在非正交情况下,第一点和第二点均可为三种类型的点:切点、垂足点、其他点(工具点菜单上列出的点)。根据拾取点的类型可生成切线、垂直线、公垂线、垂直切线以及任意的两点线。在正交情况下、生成的直线平行于当前坐标系的坐标轴,即由第一点定出首访点,第二点定出与坐标轴平行或垂直的直线线段。

图 2-1　绘制工具栏

1.1.1　单击【绘制工具】工具栏中【直线】按钮 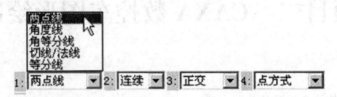。

1.1.2　单击立即菜单【1:】,在立即菜单的上方弹出一个直线类型的选项菜单。菜单中的每一项都相当于一个转换开关,负责直线类型的切换。直线类型选项菜单如图 2-2 所示。在选项菜单中单击【两点线】。

图 2-2　直线立即菜单

1.1.3　单击立即菜单【2:】,则该项内容由【连续】变为【单个】,其中【连续】表示每段直线段相互连接,前一段直线段的终点为下一段直线段的起点,而【单个】是指每次绘制的直线段相互独立,互不相关。

1.1.4　单击立即菜单【3:非正交】,其内容变为【正交】,它表示下面要画的直线为正交线段,所谓"正交线段"是指与坐标轴平行的线段。数控车新增加了 F8 键可以切换是否正交。

1.1.5　按立即菜单的条件和提示要求,用鼠标拾取两点,则一条直线被绘制出来。为了准确地作出直线,用户最好使用键盘输入两个点的坐标或距离。

1.1.6　此命令可以重复进行,右击终止此命令。

【举例】

例 1:简单两点线

图 2-3(a)是用上述操作画出的单个非正交直线,图 2-3(b)是连续正交直线。

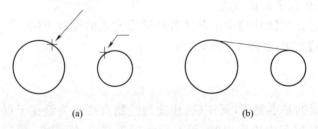

(a)　　　　　　　　　　　(b)

图 2-3　简单两点线

画连续正交的直线时,指定第一点后,移动鼠标系统会出现绿色的线段预览,直接单击点、输入坐标值或直接输入距离都可确定第二点。

例 2:圆的公切线

充分利用工具点菜单,可以绘制出多种特殊的直线,这里以利用工具点中的切点绘制出圆和圆弧的切线为例,介绍工具点菜单的使用。

首先,单击【直线】按钮 /,当系统提示【输入第一点】时,按空格键弹出工具点菜单,单击【切点】项,然后按提示拾取第一个圆,拾取的位置如图 2-4(a)所示的位置,在输入第二点时,方法同第一点的拾取方法一样,拾取第二个圆的位置如图 2-4(b)所示的位置。

注意:在拾取圆时,拾取位置的不同,则切线绘制的位置也不同。

如图 2-5 所示,若第二点选在图 2-5(b)所指位置处,则作图结果为两圆的内公切线。

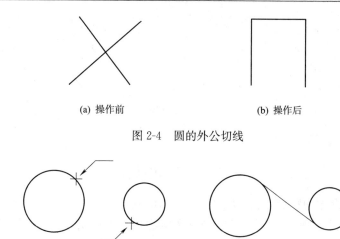

(a) 操作前　　　　　　　　　　(b) 操作后

图 2-4　圆的外公切线

(a) 操作前　　　　　　　　　　(b) 操作后

图 2-5　圆的内公切线

例 3:用相对坐标和极坐标绘制边长为 20 的五角星

首先选择绘制连续、非正交的两点线,然后输入第一点(0,0),输入第二点"@20,0",这是相对于 1 点的坐标,输入第三点"@20<-144",这是相对于 2 点的极坐标,这里极坐标的角度是指从 X 正半轴开始,逆时针旋转为正,顺时针旋转为负,以同样方法输入第四点"@20<72"、第五点"@20<-72",最后输入(0,0),回到 1 点,右击结束画线操作,整个五角星绘制完成,如图 2-6 所示。

图 2-6　五角星

1.2　平 行 线

绘制同已知线段平行的线段。

1.2.1　单击【绘制工具】工具栏中【平行线】按钮 ∥。

1.2.2　单击立即菜单【1:】,可以选择【偏移】方式或【两点方式】。

1.2.3　选择偏移方式后,单击立即菜单【2:单向】,其内容由【单向】变为【双向】,在双向条件下可以画出与已知线段平行、长度相等的双向平行线段。当在单向模式下,用键盘输入距离时,系统首先根据十字光标在所选线段的哪一侧来判断绘制线段的位置。

1.2.4　选择两点方式后,可以单击立即菜单 2 来选择【点方式】或距离方式,根据系统提示即可绘制相应的线段。

1.2.5　按照以上描述,选择【偏移方式】用鼠标拾取一条已知线段。拾取后,该提示改为【输入距离或点】。在移动鼠标时,一条与已知线段平行、并且长度相等的线段被鼠标拖动着。待位置确定后,单击鼠标左键,一条平行线段被画出。也可用键盘输入一个距离数值,两种方法的效果相同。

【举例】

图 2-7(a)是根据上述操作步骤画的单向平行线段,图 2-7(b)则为双向平行线段。

1.3　角 度 线

按给定角度、给定长度画一条直线段。

1.3.1　单击【绘制工具】工具栏中【直线】按钮 ∕。

1.3.2　单击立即菜单【1:】,从中选取【角度线】方式。

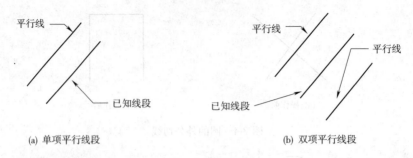

(a) 单项平行线段　　　　　　　　　　　　　(b) 双项平行线段

图 2-7　绘制平行线段

1.3.3　单击立即菜单【2：】,弹出如图 2-8 所示的立即菜单,用户可选择夹角类型。如果选择【直线夹角】,则表示画一条与已知直线段夹角为指定度数的直线段,此时操作提示变为【拾取直线】,待拾取一条已知直线段后,再输入第一点和第二点即可。

图 2-8　角度线立即菜单

1.3.4　单击立即菜单【3：到点】,则内容由【到点】转变为【到线上】,即指定终点位置是在选定直线上,此时系统不提示输入第二点,而是提示选定所到的直线。

1.3.5　单击立即菜单【4：角度】,则在操作提示区出现【输入实数】的提示。要求用户在(−360,360)间输入一所需角度值。编辑框中的数值为当前立即菜单所选角度的默认值。

1.3.6　按提示要求输入第一点,则屏幕画面上显示该点标记。此时,操作提示改为【输入长度或第二点】。如果由键盘输入一个长度数值并回车,则一条按用户刚设定的值而确定的直线段被绘制出来。如果是移动鼠标,则一条绿色的角度线随之出现。待鼠标光标位置确定后,按下左则立即画出一条给定长度和倾角的直线段。

1.3.7　本操作也可以重复进行,右击可终止本操作。

图 2-9 为按立即菜单条件及操作提示要求所绘制的一条与 X 轴成 45°、长度为 50 的一条直线段。

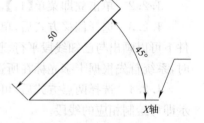

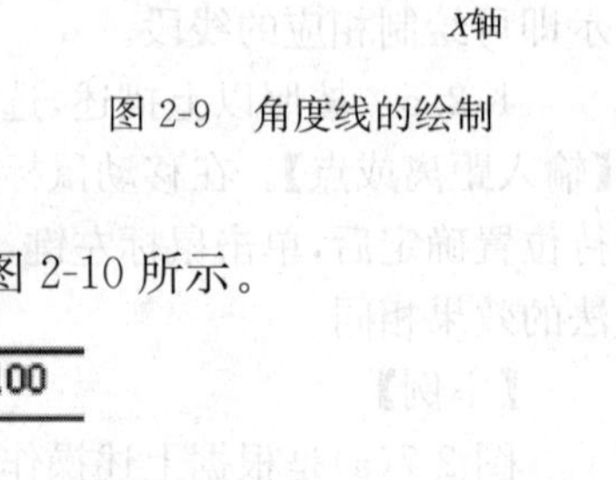

图 2-9　角度线的绘制

1.4　角等分线

按给定等分份数、给定长度画条直线段将一个角等分。

1.4.1　单击【绘制工具】工具栏中【直线】按钮 ✏。

1.4.2　单击立即菜单【1：】,从中选取【角等分线】方式,如图 2-10 所示。

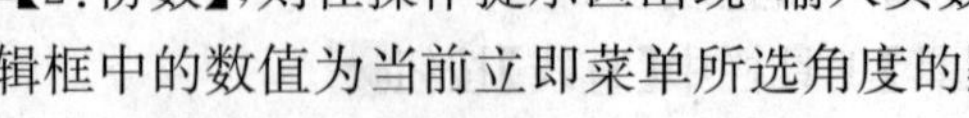

图 2-10　角等分线立即菜单

1.4.3　单击立即菜单【2：份数】,则在操作提示区出现"输入实数"的提示。要求用户输入一所需等分的份数值。编辑框中的数值为当前立即菜单所选角度的默认值。

1.4.4　单击立即菜单【3：长度】,则在操作提示区出现【输入实数】的提示。要求用户输入一等分线长度值。编辑框中的数值为当前立即菜单所选角度的默认值。

图 2-11 是将 60°的角等分为 3 份，等分线长度为 100。

1.5　切线/法线

过给定点作已知曲线的切线或法线。

1.5.1　单击【绘制工具】工具栏中【直线】按钮 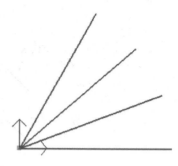。

1.5.2　单击立即菜单【1：】，从中选取【切线/法线】方式。

1.5.3　单击立即菜单上的【2：切线】，则该项内容变为【法线】。按改变后的立即菜单进行操作，将画出一条与已知直线相垂直的直线，如图 2-12 所示。

图 2-11　角等分线的绘制

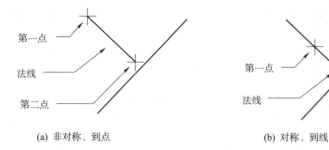

(a) 非对称、到点　　　　　　　　　(b) 对称、到线

图 2-12　垂直线绘制

1.5.4　单击立即菜单中【3：非对称】，是指选择的第一点为所要绘制直线的一个端点，选择的第二点为另一端点。若选择该项，则该项内容切换为【对称】，这时选择的第一点为所要绘制直线的中点，第二点为直线的一个端点，如图 2-13(b)、2-14(b)所示。

1.5.5　单击立即菜单中【4.到点】，则该项目变为【到线上】。表示画一条到已知线段为止的切线或法线。

1.5.6　按当前提示要求用鼠标拾取一条已知直线，选中后，该直线呈红色显示，操作提示变为【第一点】，用鼠标在屏幕的给定位置指定一点后，提示又变为【第二点或长度】，此时，再移动光标时，一条过第一点与已知直线段平行的直线段生成，其长度可由鼠标或键盘输入数值决定。图 2-13(a)为本操作的示例。

1.5.7　如果用户拾取的是圆或弧，也可以按上述步骤操作，但圆弧的法线必在所选第一点与圆心所决定的直线上，而切线垂直于法线。

【举例】

图 2-12 为已知直线的法线，图 2-13 为按上述操作画出的已知直线的切线，图 2-14 为已知圆弧的切线和法线。

1.6　直线拉伸

直线拉伸时，在【轴向拉伸】→【长度方式】子功能里选择【绝对/增量】选项对直线拉伸，若选择【绝对】则生成的直线绝对长度为输入值。

1.6.1　两条直线段的 n 等分线

在【直线】→【等分线】功能中，拾取两条直线段，即可在两条线间生成一系列的线，这些线将两条线之间的部分等分成 n 份。

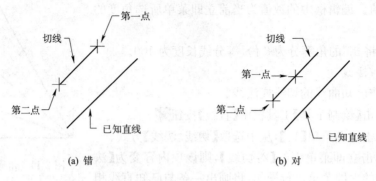

(a) 错   (b) 对

图 2-13   直线的切线

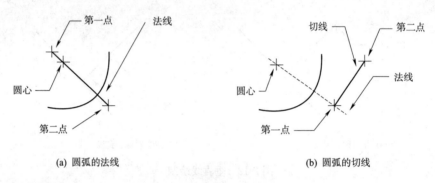

(a) 圆弧的法线   (b) 圆弧的切线

图 2-14   圆弧的法线、切线

如图 2-15 所示先后拾取两条平行的直线，等分量设为 5，则最后结果如图 2-16 所示。

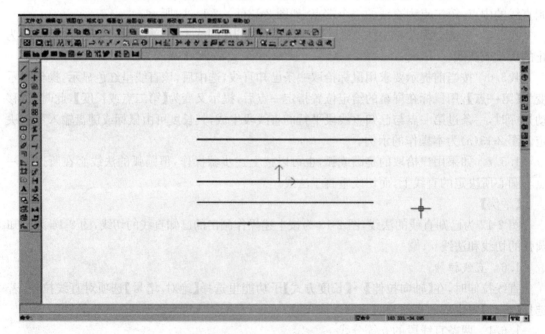

图 2-15   两条平行直线

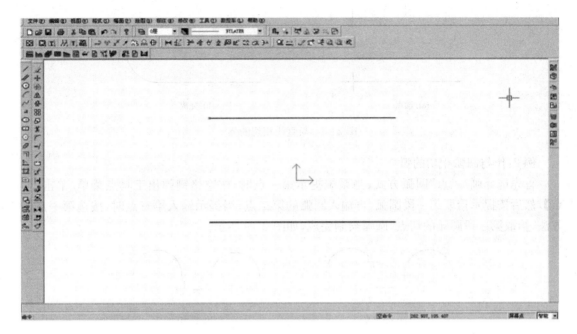

图 2-16　平分直线

另外,对于两条不平行的线,符合下面各条件时也可等分:

(1)不相交,并且其中任意一条线的任意方向的延长线不与另一条线本身相交,可等分;

(2)若一条线的某个端点与另一条线的端点重合,且两直线夹角不等于 $180°$,也可等分。

2　圆　弧

2.1　三点圆弧

过三点画圆弧,其中第一点为起点,第三点为终点,第二点决定圆弧的位置和方向。

2.1.1　单击【绘制工具】栏中的【圆弧】按钮 。

2.1.2　单击立即菜单【1:】,则在其上方弹出一个表明圆弧绘制方法的选项菜单,菜单中的每一项都是一个转换开关,负责对绘制方法进行切换,如图 2-17 所示。在菜单项中选【三点圆弧】。

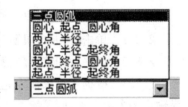

图 2-17　圆弧立即菜单

2.1.3　按提示要求指定第一点和第二点,与此同时,一条过上述两点及过光标所在位置的三点圆弧已经被显示在画面上,移动光标,正确选择第三点位置,并单击鼠标左键,则一条圆弧线被绘制出来。在选择这三个点时,可灵活运用工具点、智能点、导航点、栅格点等功能。用户还可以直接用键盘输入点坐标。

2.1.4　此命令可以重复进行,右击终止此命令。

首先选择画"三点"圆弧方式,当系统提示第一点时,按空格键弹出工具点菜单,单击【切点】,然后按提示拾取直线,再指定圆弧的第二点、第三点后,圆弧绘制完成。

【举例】

例 1:作与直线相切的弧(图 2-18)

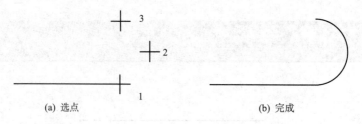

(a) 选点   (b) 完成

图 2-18　与直线相切的弧

例 2：作与圆弧相切的弧

首先选择画"三点"圆弧方式，当系统提示第一点时，按空格键弹出工具点菜单，单击【切点】，然后按提示拾取第一段圆弧，再输入圆弧的第二点，当提示输入第三点时，按选第一点的方法，拾取第二段圆弧的切点，圆弧绘制完成，如图 2-19 所示。

(a) 选点   (b) 操作后

图 2-19　与圆弧相切的弧

2.2　圆心-起点-圆心角

已知圆心、起点及圆心角或终点画圆弧。

2.2.1　单击【绘制工具】栏中的【圆弧】按钮 。

2.2.2　单击立即菜单【1：】，在菜单中选择【圆心_起点_圆心角】选项。

2.2.3　按提示要求输入圆心和圆弧起点，提示又变为【圆心角或终点(切点)】，输入一个圆心角数值或输入终点，则圆弧被画出，也可以用鼠标拖动进行选取。

2.2.4　此命令可以重复进行，右击终止此命令。

2.3　两点-半径

已知两点及圆弧半径画圆弧。

2.3.1　单击【绘制工具】栏中的【圆弧】按钮 。

2.3.2　单击立即菜单【1：】，从中选取【两点_半径】选项。

2.3.3　按提示要求输入完第一点和第二点后，系统提示又变为"第三点或半径"。此时如果输入一个半径值，则系统首先根据十字光标当前的位置判断绘制圆弧的方向，判定规则是：十字光标当前位置处在第一、二两点所在直线的哪一侧，则圆弧就绘制在哪一侧，如图 2-18 (a)、(b)所示。同样的两点 1 和 2，由于光标位置的不同，可绘制出不同方向的圆弧。然后系统根据两点的位置、半径值以及刚判断出的绘制方向来绘制圆弧。如果在输入第二点以后移动鼠标，则在画面上出现一段由输入的两点及光标所在位置点构成的三点圆弧。移动光标，圆弧发生变化，在确定圆弧大小后，单击鼠标左键，结束本操作。

2.3.4　此命令可以重复进行，右击结束操作。

【举例】

例 1：图 2-20 为按上述操作所绘制【两点_半径】圆弧的实例。

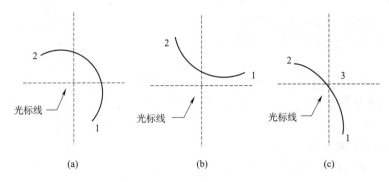

图 2-20　已知两点、半径画圆弧

例 2：图 2-21 为作【两点_半径】圆弧与圆相切的实例。

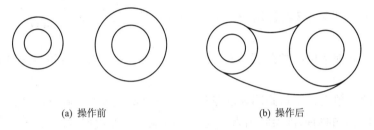

(a) 操作前　　　　　　　　(b) 操作后

图 2-21　圆弧与圆相切

2.4　圆心-半径-起终角
由圆心、半径和起终角画圆弧。

2.4.1　单击【绘制工具】栏中的【圆弧】按钮 。

2.4.2　单击立即菜单【1：】，从中选取【圆心_半径_起终角】项。

2.4.3　单击立即菜单【2：半径】，提示变为【输入实数】。其中编辑框内数值为默认值，用户可通过键盘输入半径值。

2.4.4　单击立即菜单中的【3：】或【4：】，用户可按系统提示输入起始角或终止角的数值。其范围为（－360，360）。一旦输入新数值，立即菜单中相应的内容会发生变化。

注意：起始角和终止角均是从 X 正半轴开始，逆时针旋转为正，顺时针旋转为负。

2.4.5　立即菜单表明了待画圆弧的条件。按提示要求输入圆心点，此时用户会发现，一段圆弧随光标的移动而移动。圆弧的半径、起始角、终止角均为用户刚设定的值，待选好圆心点位置后，单击鼠标左键，则该圆弧被显示在画面上。

2.4.6　此命令可以重复进行，右击终止操作。

2.5　起点-终点-圆心角
已知起点、终点和圆心角画圆弧。

2.5.1　单击【绘制工具】栏中的【圆弧】按钮 。

2.5.2　单击立即菜单【1：】，从中选取【起点_终点_圆心角】项。

2.5.3　用户先单击立即菜单【2：圆心角】，根据系统提示输入圆心角的数值，范围是（－360，360），其中负角表示从起点到终点按顺时针方向作圆弧，而正角是从起点到终点逆时针作圆弧，数值输入完后按回车键确认。

2.5.4 按系统提示输入起点和终点。

2.5.5 此命令可以重复进行，右击结束操作。

【举例】

由图 2-22 可以看出，起点、终点相同，而圆心角所取的符号不同，则圆弧的方向也不同。其中图（a）的圆心角为 60°，（b）的圆心角为－60°。

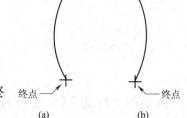

图 2-22 起点、终点、圆心角画圆弧

2.6 起点-半径-起终角

由起点、半径和起终角画圆弧。

2.6.1 单击【绘制工具】栏中的【圆弧】按钮。

2.6.2 单击立即菜单【1:】，从中选取【起点_半径_起终角】项。

2.6.3 单击立即菜单【2:】，用户可以按照提示输入半径值。

2.6.4 单击立即菜单中的【3:】或【4:】，按照系统提示。用户可以根据作图的需要分别输入。

2.6.5 立即菜单表明了待画圆弧的条件。按提示要求输入一起点，一段半径，起始角、终止角均为用户设定值的圆弧被绘制出来。起点可由鼠标或键盘输入。

2.6.6 此命令可以重复进行，右击结束操作。

2.7 圆弧拉伸

对于圆弧拉伸：

【弧长拉伸】时，若选择【绝对】则生成的圆弧弧长的绝对量为输入值，若选择【增量】则生成的圆弧弧长为在原弧长的基础上增加输入的值。

【角度拉伸】时，若选择【绝对】则生成的圆弧角度的绝对量为输入值，若选择【增量】则生成的圆弧角度为在原角度的基础上增加输入的值。

【半径拉伸】时，若选择【绝对】则生成的圆弧半径的绝对量为输入值，若选择【增量】则生成的圆弧半径为在原半径的基础上增加输入的值。

3 绘 制 圆

3.1 圆心-半径

已知圆心和半径画圆。

3.1.1 单击【绘制工具】工具栏中的【圆】。

3.1.2 单击立即菜单【1:】，弹出绘制圆的各种方法的选项菜单，其中每一项都为一个转换开关，可对不同画圆方法进行切换，这里选择【圆心_半径】项，如图 2-23 所示。

图 2-23 圆立即菜单

3.1.3 按提示要求输入圆心，提示变为【输入半径或圆上一点】。此时，可以直接由键盘输入所需半径数值，并按回车键；也可以移动光标，确定圆上的一点，并单击鼠标左键。

3.1.4 若用户单击立即菜单【2:】，则显示内容由【半径】变为【直径】，则输入完圆心以后，系统提示变为【输入直径或圆上一点】，用户由键盘输入的数值为圆的直径。

3.1.5　此命令可以重复操作,右击结束操作。

3.1.6　根据不同的绘图要求,可在立即菜单中选择是否出现中心线,系统默认为无中心线。此命令在圆的绘制中皆可选择。如图 2-24 所示。

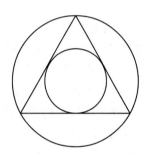

图 2-24　中心线选项

3.2　两　　点

通过两个已知点画圆,这两个已知点之间的距离为直径。

3.2.1　单击【绘制工具】工具栏中的【圆】按钮●。

3.2.3　按提示要求输入第一点和第二点后,一个完整的圆被绘制出来。

3.2.4　此命令可以重复操作,右击结束操作。

【举例】

利用三点圆和工具点菜单可以很容易地绘制出三角形的外接圆和内切圆,如图 2-25 所示。

3.3　三　　点

通过三个已知点画圆。

3.3.1　单击【绘制工具】工具栏中的【圆】按钮●。

3.3.2　单击立即菜单【1:】,从中选择【三点】项。

3.3.3　给出第一点,第二点,第三点,圆生成。

3.3.4　此命令可以重复操作,右击结束操作。

3.4　两点_半径

过两个已知点和给定半径画圆。

3.4.1　单击【绘制工具】工具栏中的【圆】按钮●。

图 2-25　三点圆

3.4.2　单击立即菜单【1:】,从中选择【两点_半径】选项。

3.4.3　按提示要求输入第一点、第二点后,用鼠标或键盘输入第三点或由键盘输入一个半径值,一个完整的圆被绘制出来。

3.4.4　此命令可以重复操作,右击结束操作。

4　矩　　形

按给定条件绘制矩形。

4.1　单击【绘制工具】工具栏中的【矩形】按钮▣。

4.2　若在立即菜单【1:】中选择【两角点】选项,则可按提示要求,用鼠标指定第一角点和第二角点。在指定第二角点的过程中,一个不断变化的矩形已经出现,待选定好位置,按下其左键,这时,一个用户期望的矩形被绘制出来。用户也可直接从键盘输入两角点的绝对坐标或相对坐标。比如第一角点坐标为(20,15),矩形的长为 36,宽为 18,则第二角点绝对坐标为(56,33),相对坐标"@36,18"。不难看出,在已知矩形的长和宽,且使用【两角点】方式时,用相对坐标要简单一些。

4.3　若在立即菜单【1:】中选择【长度和宽度】选项,则在原有位置弹出一个新的立即菜单,如图 2-26 所示。

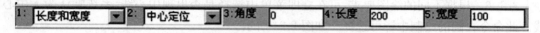

图 2-26　按长和宽绘制矩形

这个立即菜单表明用长度和宽度为条件绘制一个以中心定位,倾角为零度,长度为 200,宽度为 100 的矩形。用户按提示要求指定一个定位点,则一个满足上述要求的矩形被绘制出来。在操作过程中,用户会发现,在定位点尚未确定之前,一个矩形已经出现,且随光标的移动而移动,一旦定位点指定,即以该点为中心,绘制出长度为 200,宽度为 100 的矩形。

4.4　单击上述立即菜单中的【2:】,则该处的显示由【中心定位】切换为【顶边中点】定位。即以矩形顶边的中点为定位点绘制矩形。

4.5　单击上述立即菜单中的【3:角度】、【4:长度】、【5:宽度】,均可出现新提示【输入实数】。用户可按操作顺序分别输入倾斜角度,长度和宽度的参数值,以确定待画新矩形的条件。

4.6　此命令可以重复操作,右击可结束操作。

5　中 心 线

绘制中心线。如果拾取一个圆、圆弧或椭圆,则直接生成一对相互正交的中心线。如果拾取两条相互平行或非平行线(如锥体),则生成这两条直线的中心线。

(1)单击【绘制工具】工具栏中的【中心线】按钮 ⊘。

(2)如图 2-27 所示,单击立即菜单中的【1:延伸长度】(延伸长度是指超过轮廓线的长度),则操作提示变为:【输入实数】,编辑框中的数字表示当前延伸长度的默认值。可通过键盘重新输入延伸长度。

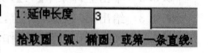

图 2-27　延伸立即菜单

(3)按提示要求拾取第一条曲线。若拾取的是一个圆或一段圆弧,则拾取选中后,在被拾取的圆或圆弧上画出一对互相垂直且超出其轮廓线一定长度的中心线。如果用鼠标拾取的不是圆或圆弧,而是一条直线,则系统提示:【拾取与第一条直线平行的另一条直线】,当拾取完以后,在被拾取的两条直线之间画出一条中心线。

(4)此命令可以重复操作,右击结束操作。

【举例】

图 2-28 为绘制中心线的实例。

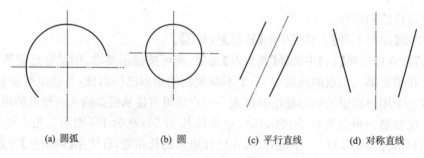

(a) 圆弧　　　　　(b) 圆　　　　　(c) 平行直线　　　　(d) 对称直线

图 2-28　中心线的绘制

6　样条曲线

生成过给定顶点(样条插值点)的样条曲线。点的输入可由鼠标输入或由键盘输入。也可以从外部样条数据文件中直接读取样条。

(1)单击【绘制工具】工具栏中的【样条】按钮 〰 。

(2)若在立即菜单中选取【直接作图】,则用户按系统提示,用鼠标或键盘输入一系列控制点,一条光滑的样条曲线自动画出。

(3)若在立即菜单中选取【从文件读入】,则屏幕弹出【打开样条数据文件】对话框,从中可选择数据文件,单击【确认】后,系统可根据文件中的数据绘制出样条。

(4)绘制样条线时,在批量输入点时可以根据要求选择闭合选项,方法如下:可以根据 dat 文件中的关键字生成开曲线或闭曲线,关键字 OPEN 表示开,CLOSED 表示闭合。没有 OPEN 或 CLOSED 的话默认为 OPEN。操作时可从样条功能函数处读入 dat 文件,也可从打开文件处读入 dat 文件。

例:

某 dat 文件内容如下:

SPLINE

3

0,0,0

50,50,0

100,0,0

SPLINE

CLOSED

3

0,0,0

50,50,0

100,30,0

SPLINE

OPEN

4

0,0,.0

30,20,0

100,100,0

30,36,0

EOF

则生成的第一根样条默认为 OPEN(开),第二根 CLOSED(闭),第三根 OPEN(开)。

直角坐标系中样条 dat 文件的格式说明(参考上面例子中的 dat 文件):

第一行应为关键字 SPLINE;

第二行应为关键字 OPEN 或 CLOSED,若不写此关键字则默认为 OPEN;

第三行应为所绘制的样条的型值点数,这里假设有 3 个型值点;

如果有 3 个型值点,则第四至六行应为型值点的坐标,每行描述一个点,用三个坐标 X、

Y、Z 表示,Z 坐标为 0;

如果文件中要做多个样条,则从第七行开始继续输入数据,格式如前所述;若文件到此结束,则最后一行可加关键字 EOF,也可以不加此关键字。

同时,本系统设置空行对格式没有影响。

(5)绘制样条线时,通过输入极坐标来完成。

方法如下:通过读入 dat 文件来输入极坐标,dat 文件中用 P_SPLINE 标识极坐标。读入文件可以从样条功能中读入也可以从打开文件功能中读入。

例:

某 dat 文件内容如下:

P_SPLINE

OPEN

3

100,0,0

100,90,0

100,180,0

P_SPLINE

CLOSED

6

50.000000,0.000000,0.000000

75.000000,45.000000,0.000000

100.000000,90.000000,0.000000

125.000000,135.000000,0.000000

150.000000,180.000000,0.000000

175.000000,225.000000,0.000000

EOF

此文件将根据极坐标绘制出两根样条曲线,每一行数据中,第一个数据表示极径,第二个表示极角(用角度表示)。第三个数据在二维平面中默认为零。

极坐标系中样条 dat 文件的格式说明(参考上面例子中的 dat 文件):

第一行应为关键字 P_SPLINE;

第二行应为关键字 OPEN 或 CLOSED,若不写此关键字则默认为 OPEN;

第三行应为所绘制的样条的型值点数,这里假设有 3 个型值点;

如果有 3 个型值点,则第四至六行应为型值点的坐标,每行用三个极坐标数据描述一个点,第一个数据表示极径,第二个表示极角(用角度表示),第三个数据在二维平面中默认为零;

如果文件中要做多个样条,则从第七行开始继续输入数据,格式如前所述;若文件到此结束,则最后一行可加关键字 EOF,也可以不加此关键字。

另外,空行对格式没有影响。

【举例】

图 2-29 为通过一系列样条插值点绘制的一条样条曲线。

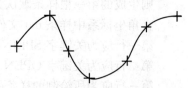

图 2-29　样条的绘制

7　轮　廓　线

生成由直线和圆弧构成的首尾相接或不相接的一条轮廓
线。其中直线与圆弧的关系可通过立即菜单切换为非正交、正交或相切。如图 2-30、图 2-31
所示。

图 2-30　直线轮廓线指令　　　　　　　　图 2-31　圆弧轮廓线指令

(1)单击【绘制工具Ⅱ】工具栏中的【轮廓线】按钮。根据当前立即菜单提供的条件,按
提示要求输入第一点,提示变为【下一点】,每输入一个点,提示反复出现【下一点】的要求。用户
按所需轮廓线趋势输入若干个点,最后,右击,系统将最后一点与第一点连接生成一条封闭的
由直线构成的轮廓线,如图 2-32(a)所示。

(2)单击立即菜单中的【2:自由】,则在该项目上方弹出一个选项菜单,如图 2-30 所示。

选项菜单列出自由、水平垂直、相切和正交等四种选项,为用户绘制轮廓线的形式提供了
多种选择,用户可根据作图要求,选择其一完成轮廓线的绘制。其中的"相切"是指当有直线与
圆弧同时存在,可以提供直线与圆弧相切的环境,直线与圆弧可随时进行切换。图 2-32(c)是
一个由直线与圆弧构成的,且保证相切的例子,图 2-32(d)是一个正交的轮廓实例(需要说明,
正交轮廓的最后一段直线不保证正交)。

单击立即菜单中的【封闭】,则该菜单项变为【不封闭】。此选项表明,再画轮廓线时,将画
一条不封闭的轮廓线,并且此状态直至重新切换为止。

(3)用鼠标单击立即菜单中的【1:直线】,则立即菜单变为:

此时用鼠标输入若干个点,会在各点之间由相应的圆弧以相切形式画成一条封闭的光滑
曲线。但最后一段圆弧与第一段圆弧不保证相切关系,如图 2-32(b)所示。

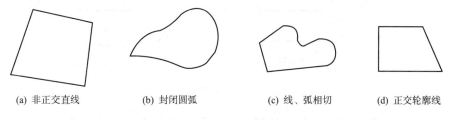

(a) 非正交直线　　　　(b) 封闭圆弧　　　　(c) 线、弧相切　　　　(d) 正交轮廓线

图 2-32　轮廓线的绘制

8　等　距　线

绘制给定曲线的等距线。CAXA 数控车具有链拾取功能,它能把首尾相连的图形元素作
为一个整体进行等距,这将大大加快作图过程中某些薄壁零件剖面的绘制。

(1)单击【绘制工具】工具栏中的【等距线】按钮。等距功能默认为指定距离方式。

(2)用户可以在弹出的立即菜单中选择【单个拾取】或【链拾取】,若是单个拾取,则只选中一个元素,若是链拾取,则与该元素首尾相连的元素也一起被选中,如图 2-33 所示。

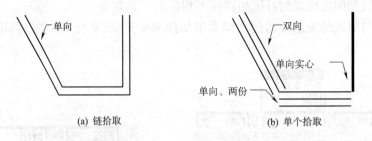

图 2-33　"指定距离"方式等距线的绘制

(3)在立即菜单【2:】中可选择【指定距离】或者【过点方式】。【指定距离】方式是指选择箭头方向确定等距方向,给定距离的数值来生成给定曲线的等距线;【过点方式】是指通过某个给定的点生成给定曲线的等距线。

(4)在立即菜单【3:】中可选取【单向】或【双向】选项。【单向】是指只在用户选择直线的一侧绘制,而【双向】是指在直线两侧均绘制等距线。

(5)在立即菜单【4:】中可选择【空心】或【实心】。【实心】是指原曲线与等距线之间进行填充,而【空心】方式只画等距线,不进行填充。

(6)如果是【指定距离】方式,则单击立即菜单【5:距离】,可按照提示输入等距线与原直线的距离,编辑框中的数值为系统默认值。

(7)在立即菜单【1:】中选择【单个拾取】,如果是【指定距离】方式,单击立即菜单【6:份数】,则可按系统提示输入份数。比如设置份数为 3,距离为 5,则从拾取的曲线开始,每隔 5 mm 绘制一条等距线,一共绘制 3 条。如果是【过点方式】方式,单击立即菜单【5:份数】,按系统提示输入份数,则从拾取的曲线开始生成以点到直线的垂直距离为等距距离的多条等距线,如图 2-34 所示。

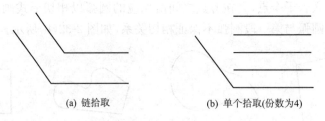

图 2-34　"过点方式"等距线的绘制

(8)立即菜单项设置好以后,按系统提示拾取曲线,选择方向(若选【双向】方式则不必选方向),等距线可自动绘出。

(9)此命令可以重复操作,右击结束操作。

而且在等距线功能中,拾取时支持对样条线的拾取。

单击【等距线】按钮 ┓,在立即菜单中选择【链拾取】和【过点方式】;链拾取有样条线在内的首尾相连的多条曲线;给出所要通过的点,等距线生成。

9　高级曲线

高级曲线是指由基本元素组成的一些特定的图形或特定的曲线。这些曲线都能完成绘图设计的某种特殊要求。本节将详细介绍它们的功能和操作方法。

9.1　椭　圆

用鼠标或键盘输入椭圆中心,然后按给定长、短轴半径画一个任意方向的椭圆或椭圆弧。

9.1.1　单击【绘制工具】工具栏中的【椭圆】按钮⊙,如图 2-35 所示。

图 2-35　椭圆指令

9.1.2　如图 2-35 所示,在屏幕下方弹出的立即菜单的含义为:以定位点为中心画一个旋转角为 0°,长半轴为 100,短半轴为 50 的整个椭圆,此时,用鼠标或键盘输入一个定位点。一旦位置确定,椭圆即被绘制出来。用户会发现,在移动鼠标确定定位点时,一个长半轴为 100、短半轴为 50 的椭圆随光标的移动而移动。

9.1.3　如果单击立即菜单中的【2:长半轴】或【3:短半轴】,按系统提示用户可重新定义待画椭圆的长、短轴的半径值。

9.1.4　如果单击立即菜单中的【4:旋转角】,用户可输入旋转角度,以确定椭圆的方向。

9.1.5　如果单击立即菜单中的【5:起始角】和【6:终止角】,用户可输入椭圆的起始角和终止角,当起始角为 0°、终止角为 360°时,所画的为整个椭圆,当改变起、终角时,所画的为一段从起始角开始,到终止角结束的椭圆弧。

9.1.6　如果在立即菜单【1:】中选择【轴上两点】,则系统提示用户输入一个轴的两端点,然后输入另一个轴的长度,用户也可用鼠标拖动来决定椭圆的形状。

9.1.7　如果在立即菜单【1:】中选择【中心点_起点】方式,则用户应输入椭圆的中心点和一个轴的端点(即起点),然后输入另一个轴的长度,也可用鼠标拖动来决定椭圆的形状。

【举例】

图 2-36 为按上述步骤所绘制的椭圆和椭圆弧。图(a)是旋转角为 60°的整个椭圆,图(b)是起始角 60°、终止角 220°的一段椭圆弧。

9.2　波 浪 线

按给定方式生成波浪曲线,改变波峰高度可以调整波浪曲线各曲线段的曲率和方向。

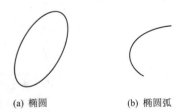

(a) 椭圆　　　　(b) 椭圆弧

图 2-36　椭圆的绘制

9.2.1　单击【绘制工具Ⅱ】工具栏中的【波浪线】按钮。

9.2.2　单击立即菜单【1:波峰】,用户可以在(−100,100)范围内输入波峰的数值,以确定浪峰的高度。

9.2.3　按菜单提示要求,用鼠标在画面上连续指定几个点,一条波浪线随即显示出来,在每两点之间绘制出一个波峰和一个波谷,右击即可结束。

【举例】

图 2-37 为用上述操作方法绘制的波浪线。

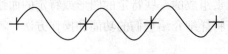

图 2-37 波浪线的绘制

9.3 双 折 线

由于图幅限制,有些图形无法按比例画出,可以用双折线表示。在绘制双折线时,对折点距离进行控制。

9.3.1 单击【绘制工具Ⅱ】工具栏中的【双折线】"按钮。

9.3.2 用户可通过直接输入两点画出双折线,也可拾取现有的一条直线将其改为双折线。

9.3.3 如果在立即菜单【1:】中选择【折点距离】,在立即菜单【2:距离】中输入距离值,拾取直线或点,则生成给定折点距离的双折线。

9.3.4 如果在立即菜单【1:】中选择【折点个数】,在立即菜单【2:个数】中输入折点的个数值,拾取直线或者点,则生成给定折点个数的双折线。

9.4 公式曲线

公式曲线即是数学表达式的曲线图形,也就是根据数学公式(或参数表达式)绘制出相应的数学曲线,公式的给出既可以是直角坐标形式的、也可以是极坐标形式的。公式曲线为用户提供一种更方便、更精确的作图手段,以适应某些精确型腔、轨迹线形的作图设计。用户只要交互输入数学公式,给定参数,计算机便会自动绘制出该公式描述的曲线。

9.4.1 单击【绘制工具】工具栏中的【公式曲线】按钮。

9.4.2 屏幕上将弹出公式曲线对话框,如图 2-38 所示。用户可以在对话框中首先选择是在直角坐标系下还是在极坐标下输入公式。

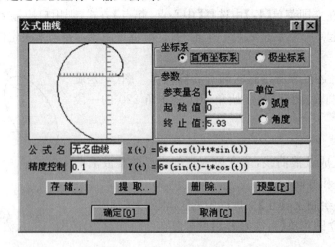

图 2-38 公式曲线对话框

9.4.3 接下来是填写需要给定的参数:变量名、起终值(指变量的起终值,既给定变量范围),并选择变量的单位。

9.4.4 在编辑框中输入公式名、公式及精度。然后用户可以单击【预显】按钮,在左上角的预览框中可以看到设定的曲线。

9.4.5 对话框中还有储存、提取、删除这三个按钮,储存一项是针对当前曲线而言,保存当前曲线;提取和删除都是对已存在的曲线进行操作,用左键单击这两项中的任何一个都会列出所有已存在公式曲线库的曲线,以供用户选取。

9.4.6 用户设定完曲线后,单击【确定】,按照系统提示输入定位点以后,一条公式曲线就绘制出来了。

9.4.7 本命令可以重复操作,右击可结束操作。

10 点

在屏幕指定位置处画一个孤立点,或在曲线上画等分点。

10.1 单击【绘制工具】工具栏中的【点】按钮 ◢ 。

10.2 单击立即菜单【1:】,可选取【孤立点】、【等分点】或者【等弧长点】三种方式。

10.3 若选【孤立点】,则可用鼠标拾取或用键盘直接输入点,利用工具点菜单,则可画出端点、中点、圆心点等特征点。

10.4 若选【等分点】,则用户首先单击立即菜单【2:等分数】,输入等分份数,然后拾取要等分的曲线,则可绘制出曲线的等分点。

注意:这里只是作出等分点,而不会将曲线打断,若用户想对某段曲线进行几等分,则除了本操作外,还应使用下一章"曲线编辑"中所介绍的"打断"操作。

10.5 若选【等弧长点】,则将圆弧按指定的弧长划分。单击立即菜单【2:】,可以切换【指定弧长】方式和【两点确定弧长】方式。如果菜单 2 为【指定弧长】方式,则在其【3:等分数】中输入等分份数,在【4:弧长】中指定每段弧的长度,然后拾取要等分的曲线,接着拾取起始点,选取等分的方向,则可绘制出曲线的等弧长点。如果菜单 2 为【两点确定弧长】,则在【3:等分数】中输入等分分数,然后拾取要等分的曲线,拾取起始点,选取等弧长点(弧长),则可绘制出曲线的等弧长点。

【举例】

将一条直线三等分。

如图 2-39 所示,首先按照前面介绍的方法,绘制出直线的三等分点 1 和 2,然后单击【图形编辑】图标,在弹出工具栏中单击【打断】选项,然后按提示拾取直线,再拾取 1 点,这时如果再拾取直线,则可以看到,原来的直线已在 1 点处被打断成两条线段,用同样的方法可以将剩余的直线在 2 点处打断,此时,原来的直线已被等分为三条互不相关的线段。

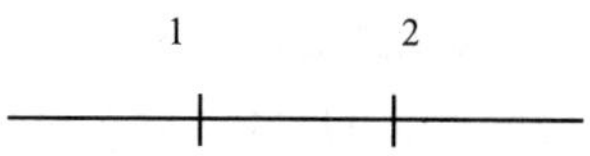

图 2-39 三等分直线

用同样的方法,也可以将其他曲线(如圆、圆弧)等分。

11 圆弧拟合样条

可以将样条线分解为多段圆弧,并且可以指定拟合的精度。
配合查询功能使用,可以使加工代码编程更方便。

(1)单击【绘制工具Ⅱ】工具栏中的【圆弧拟合样条】按钮 ◔ ,在立即菜单中选择参数,如图 2-40 所示。

1:不光滑连续 ▼	2:保留原曲线 ▼	3:拟合误差 0.05	4:最大拟合半径 9999

图 2-40　圆弧拟合样条指令

(2)单击立即菜单【1:】,可选取【不光滑连续】或【光滑连续】。

(3)单击立即菜单【2:】,可选取【保留原曲线】或【不保留原曲线】。

(4)拾取需要拟合的样条线。

(5)单击【查询】下拉菜单中【元素属性】命令,窗口选取样条的所有拟合圆弧,单击右键确定。

(6)弹出查询结果对话框,拉动滚动条,可见各拟合圆弧属性。如图 2-41 所示。

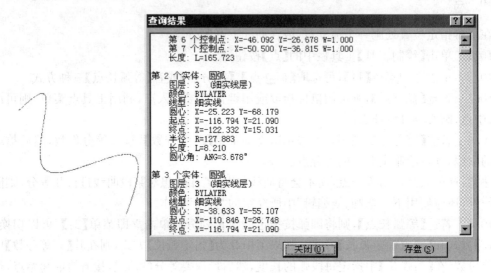

图 2-41　圆弧拟合样条

任务二　CAXA 数控车块操作

CAXA 数控车提供了把不同类型的图形元素组合成块的功能,块是复合形式的图形实体,是一种应用广泛的图形元素,它有如下特点:

(1)块是复合型图形实体,可以由用户定义,块被定义生成以后,原来若干相互独立的实体形成统一的整体,对它可以进行类似于其他实体的移动、拷贝、删除等各种操作。

(2)块可以被打散,即构成块的图形元素又成为可独立操作的元素。

(3)利用块可以实现图形的消隐。

(4)利用块可以存贮与该块相联系的非图形信息,如块的名称、材料等,这些信息也称为块的属性。

(5)利用块可以实现形位公差、表面粗糙度等的自动标注。

(6)利用块可以实现图库中各种图符的生成、存贮与调用。

(7)CAXA 数控车中属于块的图素:图符、尺寸、文字、图框、标题栏、明细表等,这些图素均可用除"块生成"外的其他块操作工具。

用户对块的操作时,单击【绘制】主菜单中的【块操作】项。系统弹出块操作工具应用子菜单,或者与菜单项对应的按钮菜单如图 2-42(a)、(b)所示,它包括【块生成】、【块消隐】、【块属性】和【块属性表】四项。

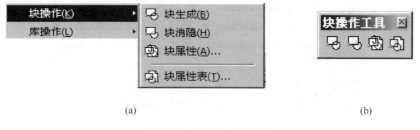

(a)　　　　　　　　　　　　　　　　　　　　　(b)

图 2-42　块操作工具菜单

1　块　生　成

用于将选中的一组图形实体组合成一个块,生成的块位于当前层,对它可实施各种图形编辑操作,块的定义可以嵌套,即一个块可以是构成另一个块的元素。

1.1　在弹出的【块操作工具】工具栏中单击【块生成】按钮🔲。

1.2　根据屏幕提示,拾取构成块的元素,当拾取完成后,右击确认结束。

1.3　根据屏幕提示,输入块的基准点,基准点也就是块的基点,主要用于块的拖动定位。

1.4　基准点输入完以后,块也就生成了。

1.5　用户也可以先拾取实体,然后右击激活右键快捷菜单,在菜单中选择【块生成】选项,根据提示输入块的基准点,这样也可以生成块。

2　块　打　散

将块分解为组成块的各成员实体,它是块生成的逆过程,如果块生成是逐级嵌套的,那么块打散也是逐级打散,块打散后其各成员彼此独立,并归属于原图层。

(1)在【编辑】工具栏中单击【打散】按钮🔳。

(2)根据屏幕提示,用户用鼠标左键拾取块,拾取完成后右击确认结束,块即被打散。此时若再用鼠标左键拾取原块内的任一元素,则只有该元素被选中,而其他元素没有被选中,这说明原来的块已不存在,已经被打散为若干个互不相关的实体元素。

3　块　属　性

为指定的块添加属性。属性是与块相关联的非图形信息,并与块一起存储。块的属性由一系列属性表项及相对应的属性值组成,属性表项的内容可由【块属性表】命令设定,它指明了块具有哪些属性,【块属性】命令是为块的属性赋值,或修改和查询各属性值。

(1)在弹出【块操作工具】工具栏中单击【设置块属性表】按钮🔲。

(2)按系统提示拾取块后,弹出【填写属性表】对话框,如图 2-43 所示在对话框中,CAXA数控车预先设定一些属性名,如【名称】、【重量】、【体积】、【规格】等,这些属性名可通过【块属性表】命令进行修改与设定。

(3)每个属性名对应着一个编辑框,用户可在编辑框中对各个属性进行赋值或修改。

(4)完成后按【确定】按钮,系统接受用户的赋值或修改。

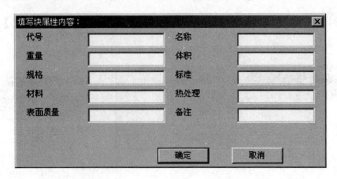

图 2-43　块属性对话框

4　块属性表

设定当前属性表的表项,设定后,在调用【块属性】命令时,可弹出具有相应表项的【填写属性表】对话框。可对当前属性表进行修改,如【增加属性】和【删除属性】等。对修改后的属性可以存储为属性表文件,供以后调用。也可调入已有的属性表文件,以替代当前的属性表。

(1)单击【块操作】,在弹出的【块操作工具】工具栏中单击【定义块属性表】按钮 。

(2)弹出如图 2-44 所示的【块属性表】对话框,对话框的左边为属性名称列表框,框中列出了当前属性表的所有属性的名称,右侧为一组按钮,可实现对属性表的操作。

(3)对该对话框可实施以下操作:

1)修改属性名:实现用鼠标单击或通过上、下方向键在属性名称列表框选中要修改的属性名,然后用鼠标左键双击该属性,则可进入编辑状态,实现对属性名的修改。

2)增加属性:用户想在哪个属性前加入新的属性,则可用鼠标或上下方向键在属性名称列表框中选定该属性,然后按【增加属性】按钮或者按 Insert(或 Ins)键,可

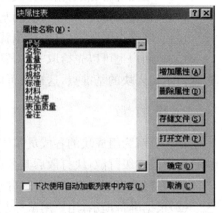

图 2-44　块属性表对话框

在列表中插入一个名为【新项目】的新属性,按照上面介绍的方法将属性名改为实际的属性名称即可完成【增加属性】操作。

3)删除属性:用鼠标或上下方向键在属性名称列表框中选定该属性,然后按【删除属性】按钮或者按 Delete(或 Del)键即可删除该属性。

4)存储文件:用户可将自定义的属性表存盘,以备后用。单击【存储文件】按钮后弹出【存储块属性文件】对话框,用户输入文件名,属性表文件后缀为 .ATT。

5)用户还可以调入自己编辑的属性文件,单击【打开文件】按钮后,在弹出的对话框中选择所需的块属性文件后,可调出文件中存储的属性表,取代当前的属性表。

6)用户可以选择是否下次使用时自动加载列表中的内容。

作完以上操作后,单击【确定】按钮,可使系统接受用户的操作。

5　块消隐

CAXA 数控车提供了二维自动消隐功能,给用户作图带来方便。特别是在绘制装配图过程中,当零件的位置发生重叠时,此功能的优势更加突出。本节介绍其基本操作。

利用具有封闭外轮廓的块图形作为前景图形区,自动擦除该区内其他图形,实现二维消隐,对已消隐的区域也可以取消消隐,被自动擦除的图形又被恢复,显示在屏幕上。

如果用户拾取不具有封闭外轮廓的块图形,则系统不执行消隐操作。

用户可以拾取图形中的块作为前景零件,拾取一个,消隐一个,可连续操作,右击或按 Esc 键退出命令。

立即菜单默认项为【消隐】,即对拾取的块进行消隐操作,用户也可以用 Alt＋1 切换为【取消消隐】。

若几个块之间相互重叠,则用户拾取哪一个块,该块被自动设为前景图形区,与之重叠的图形被消隐。

【举例】

例 1:图 2-45 为块消隐的实例

图中螺栓和螺母分别被定义成两个块,当它们配合到一起时必然会产生块消隐的问题。图 2-45(a)中选取螺母为前景实体,螺栓中与其重叠的部分被消隐。当选取螺栓时,螺栓变为前景实体,螺母的相应部分被消隐,如图 2-45(b)所示。

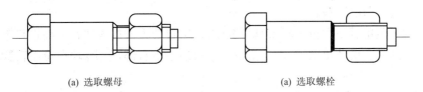

(a) 选取螺母　　　　　　　　　　　　　　(a) 选取螺栓

图 2-45　块消隐操作

例 2:图 2-46 为消隐与取消消隐操作的实例

在图 2-46(a)中两个矩形被定义成两个块,它们相互重叠地放在一起,当选择左上方的 1 块为前景实体,则右下方的 2 块的相应部分被消隐,如图 2-46(b)所示。选择【取消消隐】方式,当再次选取 1 块时,2 块中原来被消隐的部分又恢复过来,如图 2-46(c)所示。

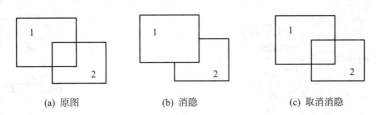

(a) 原图　　　　　　　　(b) 消隐　　　　　　　　(c) 取消消隐

图 2-46　消隐与取消消隐操作

6　其他有关的块操作工具

6.1　块的线型与颜色

块作为一种特殊的实体,除了拥有普通实体的特性以外,还具有一些自己的特性,比如它可以拥有自己的线型和颜色。本节将主要介绍如何设置块的线型和颜色。

6.1.1 用户首先应绘制好所需定义成块的图形。

6.1.2 用窗口拾取方式拾取绘制好的图形,右击,在弹出的快捷菜单中单击【属性修改】选项。

6.1.3 在弹出的菜单中将线型和颜色均改为 Byblock,具体方法在 5.4.2 节"属性修改"中已有详细的说明。

6.1.4 然后按本章第一节介绍的方法将图形定义成块。

6.1.5 选择刚生成的块,再次右击,选择【属性修改】选项,修改线型和颜色,这次,用户可根据实际情况,选择自己所需的线型和颜色。

6.1.6 在属性修改对话框中单击【确定】按钮后,可以看到刚才生成的块已变成用户自己定义的线型和颜色。

6.2 右键操作功能中的块操作工具

拾取块以后,右击可弹出右键快捷菜单,如图 2-47 所示。

块作为一个实体,可以执行删除、平移、旋转、镜像、比例缩放等图形编辑操作,它还可以执行块打散、块消隐操作命令。当拾取完一组互不相关的实体后,在右键快捷菜单中可以选择【块生成】命令。可以看出,熟练使右击操作功能,将大大提高工作的效率。

6.3 块的在位编辑

块的在位编辑功能用于在不打散块的情况下编辑块内实体的属性,如修改颜色,层等,也可以向块内增加实体,或从块中删除实体等。

6.3.1 进入块在位编辑

可以通过主菜单、【块在位编辑工具条】和右键菜单等方式进入块在位编辑状态。

下面演示的是右键菜单的方式,先拾取一个块后单击右键,单击【块在位编辑】即可。如图 2-48 所示。

注意:只能单选一个块才能进行块的在位编辑。

图 2-47 右键操作菜单   图 2-48 块在位编辑

6.3.2 从块中移出

如果只想把实体从块中移出,而不是从系统中删除,选择【从块中移出】。然后拾取要移出块的实体。

6.3.3　保存退出

对进行的修改进行保存,会更新块。

6.3.4　不保存退出

放弃对块进行的编辑,退出块在位编辑状态。

任务三　CAXA 数控车图形编辑

本章向学生介绍图形编辑及对象链接与嵌入(OLE)的有关知识。

对当前图形进行编辑修改,是交互式绘图软件不可缺少的基本功能。它对提高绘图速度及质量都具有至关重要的作用。CAXA 数控车充分考虑了用户的需求,为用户提供了功能齐全、操作灵活方便的编辑修改功能。

数控车的编辑修改功能包括曲线编辑和图形编辑两个方面,并分别安排在主菜单及绘制工具栏中。曲线编辑主要讲述有关曲线的常用编辑命令及操作方法,图形编辑则介绍对图形编辑实施的各种操作。

作为在 Windows 平台上使用的绘图软件,为了适应各方面用户的绘图需要,CAXA 数控车支持对象的链接与嵌入(OLE)技术,可以在数控车生成的文件中插入图片、图表、文本、电子表格等 OLE 对象,也可以插入声音、动画、电影剪辑等多媒体信息,除此以外,还可以将用数控车绘制的图形插入到其他支持 OLE 的软件(如 Word)中。本章对这部分内容也将进行详细的介绍。

下面分别对这几部分进行介绍。

1　图素编辑

单击【修改】下拉菜单或选择【编辑】工具栏,根据作图需要用鼠标单击相应按钮可以弹出立即菜单和操作提示。如图 2-49 所示。

图 2-49　编辑工具栏

1.1　裁　剪

CAXA 数控车允许对当前的一系列图形元素进行裁剪操作。裁剪操作分为快速裁剪、拾取边界裁剪和批量裁剪三种方式。

1.1.1　快速裁剪

用鼠标直接拾取被裁剪的曲线,系统自动判断边界并做出裁剪响应。

(1)单击并选择【修改】下拉菜单中的【裁剪】命令或在【编辑】工具条栏单击【裁剪】按钮🔧。

(2)系统进入默认的快速裁剪方式。快速裁剪时,允许用户在各交叉曲线中进行任意裁剪的操作。其操作方法是直接用光标拾取要被裁剪掉的线段,系统根据与该线段相交的曲线自动确定出裁剪边界,待单击鼠标左键后,将被拾取的线段裁剪掉。

(3)快速裁剪在相交较简单的边界情况下可发挥巨大的优势,它具有很强的灵活性,在实践过程中熟练掌握将大大提高工作的效率。

【举例】

例 1:图 2-50 中的几个实例说明,在快速裁剪操作中,拾取同一曲线的不同位置,将产生不同的裁剪结果。

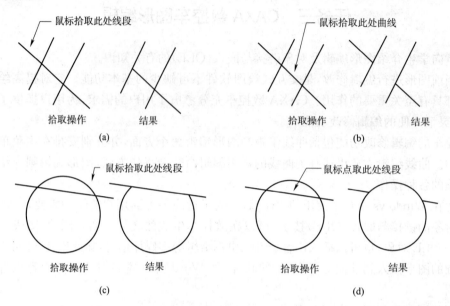

图 2-50　快速裁剪中的拾取位置

例 2:图 2-51 为快速裁剪直线的一个实例。

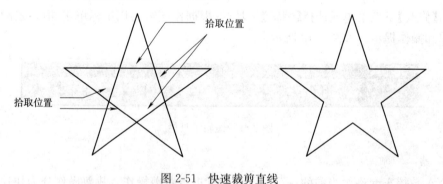

图 2-51　快速裁剪直线

例 3:图 2-52 为对圆和圆弧快速裁剪的实例。

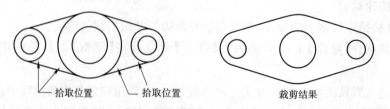

图 2-52　快速裁剪圆和圆弧

1.1.2　拾取边界裁剪

对于相交情况复杂的边界,数控车提供了拾取边界的裁剪方式。

拾取一条或多条曲线作为剪刀线,构成裁剪边界,对一系列被裁剪的曲线进行裁剪。系统将裁剪掉所拾取到的曲线段,保留在剪刀线另一侧的曲线段。另外,剪刀线也可以被裁剪。

(1)单击并选择【修改】下拉菜单中的【裁剪】命令或在【编辑】工具条栏单击【裁剪】按钮 。

(2)按提示要求,用鼠标拾取一条或多条曲线作为剪刀线,然后右击,以示确认。此时,操作提示变为【拾取要裁剪的曲线】。用鼠标拾取要裁剪的曲线,系统将根据用户选定的边界作出反应,裁剪掉前面拾取的曲线段至边界部分,保留边界另一侧的部分。

(3)拾取边界操作方式可以在选定边界的情况下对一系列的曲线进行精确的裁剪。此外,拾取边界裁剪与快速裁剪相比,省去了计算边界的时间,因此执行速度比较快,这一点在边界复杂的情况下更加明显。

【举例】

直线和圆的边界裁剪如图 2-53(a)、(b)所示。

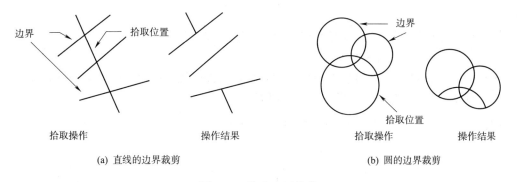

(a) 直线的边界裁剪　　　　　　　　　　(b) 圆的边界裁剪

图 2-53　拾取边界裁剪

1.1.3　批量裁剪

(1)单击并选择【修改】下拉菜单中的【裁剪】命令或在【编辑】工具条栏单击【裁剪】按钮 。

(2)在立即菜单中选择【批量裁剪】项。

(3)拾取剪刀链。可以是一条曲线,也可以是首尾相连的多条曲线。

(4)用窗口拾取要裁剪的曲线,单击右键确认。

(5)选择要裁剪的方向,裁剪完成。

1.2　过　　渡

CAXA 数控车的过渡包括圆角、倒角和尖角的过渡操作。

1.2.1　圆角过渡

在两圆弧(或直线)之间进行圆角的光滑过渡。

(1)单击并选择【修改】下拉菜单中的【过渡】命令或在的【编辑】工具栏单击【过渡】按钮 。

(2)用鼠标单击立即菜单【1:】,则在立即菜单上方弹出选项菜单,用户可以在选项菜单中根据作图需要用鼠标选择不同的过渡形式。选项菜单如图 2-54 所示。

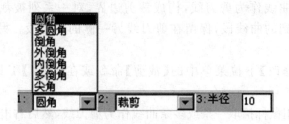

图 2-54　过渡选项菜单

(3)用鼠标单击立即菜单中的【2:】,则在其上方也弹出一个如图 2-55 所示的选项菜单。

图 2-55　选项菜单

用鼠标单击可以对其进行裁剪方式的切换。选项菜单的含义如下:
• 裁剪:裁剪掉过渡后所有边的多余部分。
• 裁剪起始边:只裁剪掉起始边的多余部分,起始边也就是用户拾取的第一条曲线。
• 不裁剪:执行过渡操作以后,原线段保留原样,不被裁剪。
图 2-56 中的(a)、(b)、(c)分别表示了它们的含义。

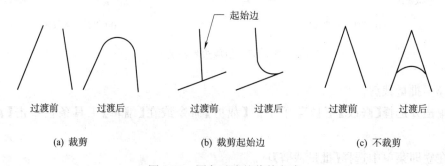

图 2-56　圆角过渡的裁剪方式

(4)用户单击立即菜单【3:半径】后,可按照提示输入过渡圆弧的半径值。

(5)按当前立即菜单的条件及操作和提示的要求,用鼠标拾取待过渡的第一条曲线,被拾取到的曲线呈红色显示,而操作提示变为【拾取第二条曲线】。在用鼠标拾取第二条曲线以后,在两条曲线之间用一个圆弧光滑过渡。

注意:用鼠标拾取的曲线位置的不同,会得到不同的结果,而且,过渡圆弧半径的大小应合适,否则也将得不到正确的结果。

【举例】

例1:从图 2-57 中给出的几个例子可以看出,拾取曲线位置的不同,其结果也各异。

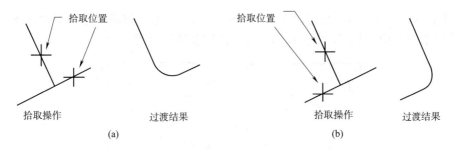

图 2-57　圆角过渡的拾取位置

例 2：在机械零件中，经常会遇到安装件倒圆角和铸造圆角等工艺，图 2-58 就属于这种情况。首先如图 2-58(a)所示绘制出基本图线，如直线、圆和矩形，然后将两肋板相重叠的四条短线段用上一节介绍的方法裁剪掉，接下来进行倒圆角操作，注意：倒角过程中有些使用【裁剪】方式，有些使用【裁剪起始边】方式，应加以区别。操作完成后，可以得到如图 2-58(b)所示的最终结果。

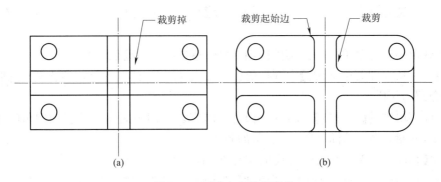

图 2-58　过渡中的裁剪操作

1.2.2　多圆角过渡

用给定半径过渡一系列首尾相连的直线段。

(1)单击并选择【修改】下拉菜单中的【过渡】命令或在的【编辑】工具栏单击【过渡】按钮。

(2)在弹出的立即菜单中单击菜单【1：】，并从菜单项中选择【多圆角】。

(3)用鼠标单击立即菜单中的【2：半径】，按操作提示用户可从键盘输入一个实数，重新确定过渡圆弧的半径。

(4)按当前立即菜单的条件及操作提示的要求，用鼠标拾取待过渡的一系列首尾相连的直线。这一系列首尾相连的直线可以是封闭的，也可以是不封闭的。如图 2-59 所示。

图 2-59　多圆角过渡

【举例】　图 2-60 为多圆角过渡在实际中的一个应用,它可以将一个矩形的直角连接变为圆角过渡。上一节中,图 2-58 中的矩形也可以使用多圆角过渡。

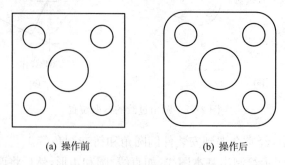

(a) 操作前　　　　　　　　　　　　(b) 操作后

图 2-60　多圆角过渡的应用

1.2.3　倒角过渡

在两直线间进行倒角过渡。直线可被裁剪或向角的方向延伸。

(1)单击并选择【修改】下拉菜单中的【过渡】命令或在的【编辑】工具栏单击【过渡】按钮。

(2)在弹出的立即菜单中单击菜单【1:】,并从菜单项中选择【倒角】。

(3)用户可从立即菜单项【2:】中选择裁剪的方式,操作方法及各选项的含义与【圆角过渡】一节中所介绍的一样。

(4)立即菜单中的【3:长度】和【4:倒角】两项内容表示倒角的轴向长度和倒角的角度。根据系统提示,从键盘输入新值可改变倒角的长度与角度。其中【轴向长度】是指从两直线的交点开始,沿所拾取的第一条直线方向的长度。【角度】是指倒角线与所拾取第一条直线的夹角,其范围是(0,180)。其定义如图 2-61 所示。由于轴向长度和角度的定义均与第一条直线的拾取有关,所以两条直线拾取的顺序不同,作出的倒角也不同。

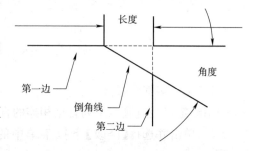

图 2-61　长度和角度的定义

(5)若需倒角的两直线已相交(即已有交点),则拾取两直线后,立即作出一个由给定长度、给定角度确定的倒角,如图 2-62(a)所示。如果待作倒角过渡的两条直线没有相交(即尚不存在交点),则拾取完两条直线以后,系统会自动计算出交点的位置,并将直线延伸,而后作出倒角。如图 2-62(b)所示。

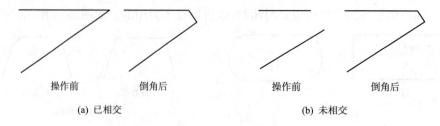

操作前　　　　　　倒角后　　　　　　　　　操作前　　　　　　倒角后

(a) 已相交　　　　　　　　　　　　　　(b) 未相交

图 2-62　倒角操作

【举例】

从图 2-63 中可以看出,轴向长度均为 3,角度均为 60°的倒角,由于拾取直线的顺序不同,倒角的结果也不同。

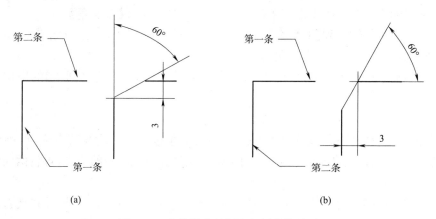

(a)　　　　　　　　　　　　　　　(b)

图 2-63　直线拾取的顺序与倒角的关系

1.2.4　外倒角和内倒角

绘制三条相垂直的直线外倒角或内倒角。

(1)单击并选择【修改】下拉菜单中的【过渡】命令或在【编辑】工具栏单击【过渡】按钮。

(2)在弹出的立即菜单中单击菜单【1:】,并从菜单项中选择【外倒角】或【内倒角】。

(3)立即菜单中的【2:】和【3:】两项内容表示倒角的轴向长度和倒角的角度。用户可按照系统提示,从键盘输入新值,改变倒角的长度与角度。

(4)然后根据系统提示,选择三条相互垂直的直线,这三条相互垂直的直线是指类似于如图 2-64 所示的三条直线,即直线 a、b 同垂直于 c,并且在 c 的同侧。

(5)外(内)倒角的结果与三条直线拾取的顺序无关,只决定于三条直线的相互垂直关系。

图 2-64　相互垂直的直线

【举例】

图 2-65 中为阶梯轴倒角的实例,其中既有外倒角,也有内倒角。首先选择【外倒角】方式,设置轴向长度为 2,倒角为 45°,然后选择线段 1、2、3,可绘制出外倒角。再选择【内倒角】方式,同样设置轴向长度为 2,倒角为 45°,然后选择线段 1、3、4,可作出内倒角。

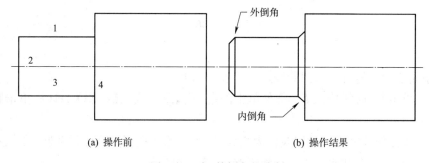

(a) 操作前　　　　　　　　　　　　(b) 操作结果

图 2-65　内、外倒角的绘制

1.2.5 多倒角

倒角过渡一系列首尾相连的直线。

(1)单击并选择【修改】下拉菜单中的【过渡】命令或在【编辑】工具栏单击【过渡】按钮 █。

(2)在弹出的立即菜单中单击菜单【1:】,并从菜单项中选择【多倒角】。

(3)立即菜单中的【2:】和【3:】两项内容表示倒角的轴向长度和倒角的角度。用户可按照系统提示,从键盘输入新值,改变倒角的长度与角度。

(4)然后根据系统提示,选择首尾相连的直线,具体操作方法与【多圆角】的操作方法十分相似。

1.2.6 尖角

在两条曲线(直线、圆弧、圆等)的交点处,形成尖角过渡。两曲线若有交点,则以交点为界,多余部分被裁剪掉;两曲线若无交点,则系统首先计算出两曲线的交点,再将两曲线延伸至交点处。

(1)单击并选择【修改】下拉菜单中的【过渡】命令或在【编辑】工具栏单击【过渡】按钮 █。

(2)在弹出的立即菜单中单击菜单【1:】,并从菜单项中选择【尖角】。按提示要求连续拾取第一条曲线和第二条曲线以后,即可完成尖角过渡的操作。

注意:鼠标拾取的位置不同,将产生不同的结果。

【举例】 图 2-66 为尖角过渡的几个实例,其中图 2-66(a)和图 2-66(b)为由于拾取位置的不同而结果不同的例子,图 2-66(c)和图 2-66(d)为两曲线已相交和尚未相交的例子。

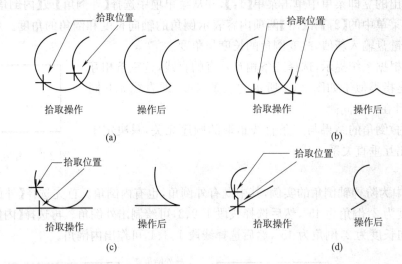

图 2-66 尖角过渡

1.3 齐 边

以一条曲线为边界对一系列曲线进行裁剪或延伸。

1.3.1 单击并选择【修改】下拉菜单中的【齐边】命令或在【编辑】工具栏单击【齐边】按钮 █。

1.3.2 按操作提示拾取剪刀线作为边界,则提示改为【拾取要编辑的曲线】。这时,根据作图需要可以拾取一系列曲线进行编辑修改,右击结束操作。

1.3.3 如果拾取的曲线与边界曲线有交点,则系统按【裁剪】命令进行操作,系统将裁剪所拾取的曲线至边界为止。如果被齐边的曲线与边界曲线没有交点,那么,系统将把曲线按其本身的趋势(如直线的方向、圆弧的圆心和半径均不发生改变)延伸至边界。

注意:圆或圆弧可能会有例外,这是因为它们无法向无穷远处延伸,它们的延伸范围是以半径为限的,而且圆弧只能以拾取的一端开始延伸,不能两端同时延伸(图 2-67(c)、(d))。

【举例】

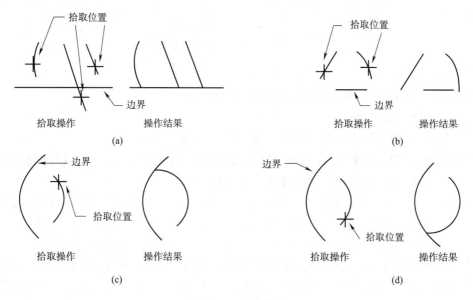

图 2-67　齐边操作

1.4　打　　断

将一条指定曲线在指定点处打断成两条曲线,以便于其他操作。

1.4.1　单击并选择【修改】下拉菜单中的【打断】命令或在的【编辑】工具栏单击【打断】按钮 。

1.4.2　按提示要求用鼠标拾取一条待打断的曲线。拾取后,该曲线变成红色。这时,提示改变为【选取打断点】。根据当前作图需要,移动鼠标仔细地选取打断点,选中后,单击鼠标左键,打断点也可用键盘输入。曲线被打断后,屏幕上所显示的与打断前并没有什么两样。但实际上,原来的曲线已经变成了两条互不相干的曲线,即各自成为了一个独立的实体。

注意:打断点最好选在需打断的曲线上,为作图准确,可充分利用智能点、栅格点、导航点以及第十一章所介绍的工具点菜单。

为了方便用户更灵活的使用此功能,数控车也允许用户把点设在曲线外,使用规则是:

(1)若欲打断线为直线,则系统从用户选定点向直线作垂线,设定垂足为打断点;

(2)若欲打断线为圆弧或圆,则从圆心向用户设定点作直线,该直线与圆弧交点被设定为打断点。

【举例】

例 1:将一段曲线等分。利用【修改】中的【打断】操作和曲线【绘制】中的【等分点】操作,可以将一段曲线几等分。具体方法前文已进行了详细地描述。

例 2:用户将点选在曲线外的情况,如图 2-68 所示。

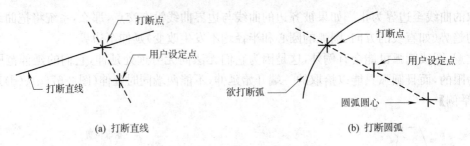

(a) 打断直线　　　　　　　　　　　　　　　(b) 打断圆弧

图 2-68　圆弧设定点在曲线外的情况

1.5　拉　　伸

CAXA 数控车提供了单条曲线和曲线组的拉伸功能。

1.5.1　单条曲线拉伸

在保持曲线原有趋势不变的前提下,对曲线进行拉伸缩短处理。

(1)单击并选择【修改】下拉菜单中的【拉伸】命令或在【编辑】工具栏单击【拉伸】按钮 。

(2)用鼠标在立即菜单【1:】中选择【单个拾取】方式。

(3)按提示要求用鼠标拾取所要拉伸的直线或圆弧的一端,按下左键后,该线段消失。当再次移动鼠标时,一条被拉伸的线段由光标拖动着。当拖动至指定位置,单击鼠标左键后,一条被拉伸长了的线段显示出来。当然也可以将线段缩短,其操作与拉伸完全相同。

(4)拉伸时,用户除了可以直接用鼠标拖动外,还可以输入坐标值,直线可以输入长度;圆弧可以用鼠标选择立即菜单项【2:】切换弧长拉伸、角度拉伸、半径拉伸和自由拉伸,弧长拉伸和角度拉伸时圆心和半径不变,圆心角改变,用户可以用键盘输入新的圆心角;半径拉伸时圆心和圆心角不变,半径改变,用户可以输入新的半径值;自由拉伸时圆心、半径和圆心角都可以改变。除了自由拉伸外,以上所述的拉伸量都可以通过【3:】来选择绝对或者增量,绝对是指所拉伸图素的整个长度或者角度,增量是指在原图素基础上增加的长度或者角度。

(5)本命令可以重复操作,右击可结束操作。

(6)除上述的方法以外,CAXA 数控车还提供一种快捷的方法实现对曲线的拉伸操作。首先拾取曲线,曲线的中点及两端点均以高亮度显示,对于直线,用十字光标上的核选框拾取一个端点,则可用鼠标拖动进行直线的拉伸。对于圆弧,用核选框拾取端点后拖动鼠标可实现拉伸弧长,若拾取圆弧中点后拖动鼠标则可实现拉伸半径。这种方法同样适用于圆、样条等曲线。

1.5.2　曲线组拉伸

移动窗口内图形的指定部分,即将窗口内的图形一起拉伸。

(1)单击并选择【修改】下拉菜单中的【拉伸】命令或在【编辑】工具栏单击【拉伸】按钮 。

(2)用鼠标在立即菜单【1:】中选择【窗口拾取】方式。

(3)按提示要求用鼠标指定待拉伸曲线组窗口中的第一角点。则提示变为【另一角点】。再拖动鼠标选择另一角点,则一个窗口形成。

注意:这里窗口的拾取必须从右向左拾取,即第二角点的位置必须位于第一角点的左侧,这一点至关重要,如果窗口不是从右向左选取,则不能实现曲线组的全部拾取。

(4)拾取完成后,用鼠标在立即菜单【2:】中选择给定偏移,提示又变为【X、Y 方向偏移量或位置点】。此时,再移动鼠标,或从键盘输入一个位置点,窗口内的曲线组被拉伸。注意:

【X、Y 方向偏移量】是指相对基准点的偏移量,这个基准点是由系统自动给定的。一般说来,直线的基准点在中点处,圆、圆弧、矩形的基准点在中心,而组合实体、样条曲线的基准点在该实体的包容矩形的中心处。图 2-69(a)中显示出了拾取窗口、包容矩形、基准点等概念。

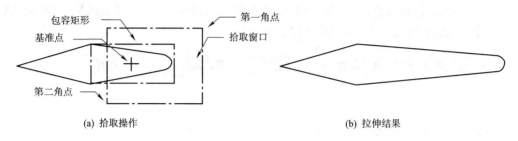

(a) 拾取操作　　　　　　　　　　　　　　(b) 拉伸结果

图 2-69　曲线组给定偏移拉伸

(5)用鼠标单击立即菜单中的【2:给定偏移】,则此项内容被切换为【2.:给定两点】。同时,操作提示变为【第一点】。在这种状态下,先用窗口拾取曲线组,当出现【第一点】时,用鼠标指定一点,提示又变为【第二点】,再移动鼠标时,曲线组被拉伸拖动,当确定第二点以后,曲线组被拉伸。如图 2-70 所示,拉伸长度和方向由两点连线的长度和方向所决定。

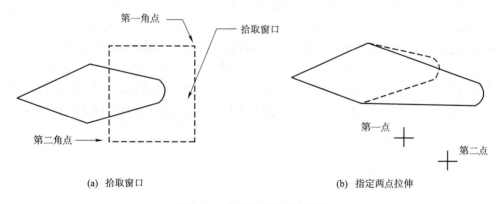

(a) 拾取窗口　　　　　　　　　　　　　　(b) 指定两点拉伸

图 2-70　曲线组指定两点拉伸

(6)用鼠标单击立即菜单中的【3:】则有非正交 X 方向正交和 Y 方向正交三个选项,通过这三个选择可以限定拉伸点的位置。非正交不限定方向,通过输入数值或者鼠标拾取位置点来确定,X 方向正交限定拉伸只能在水平方向进行,Y 方向正交限定拉伸只能在竖直方向进行。

注:如果选择范围包含了图形的尺寸,则尺寸可随之关联。

2　几何变换

2.1　平　　移

对拾取到的实体进行平移。

2.1.1　基本概念。

(1)给定两点。是指通过两点的定位方式完成图形元素移动。

(2)给定偏移。将实体移动到一个指定位置上,可根据需要在立即菜单【2:】中选择保持原态和平移为块。

（3）非正交。限定【平移/复制】时的移动形式,用鼠标单击该项,则该项内容变为【正交】。

（4）旋转角度。图形在进行复制或平移时,允许指定实体的旋转角度,可由键盘输入新值。

（5）比例。进行平移操作之前,允许用户指定被平移图形的缩放系数。

2.1.2　单击并选择【修改】下拉菜单中的【平移/复制】命令或在的【编辑】工具栏单击【平移】按钮 ✚ 可弹出如图 2-71 所示的立即菜单。

图 2-71　平移立即菜单

（1）关于给定偏移的说明。

用鼠标单击【给定两点】项,则该项内容变为【给定偏移】。

所谓给定偏移,就是允许用户用给定偏移量的方式进行平移或复制。用户拾取到实体以后,右击加以确定。此时,系统自动给出一个基准点(一般来说,直线的基准点定在中点处,圆、圆弧、矩形的基准点定在中心处。其他实体,如样条曲线等实体的基准点也定在中心处),同时操作提示改变为【X 和 Y 方向偏移量或位置点】。系统要求用户以给定的基准点为基准,输入 X 和 Y 的偏移量或由鼠标给出一个复制或平移的位置点。给出位置点后,则复制或平移完成。

（2）如果用户希望在复制或平移操作中,将原图的大小或方向进行改变,那么,应当在拾取实体以前,先设置旋转角度和缩放比例的新值,然后再进行上面讲述的操作过程。

（3）除了用上述的方法以外,CAXA 数控车还提供了一种简便的方法实现曲线的平移。首先拾取曲线,然后用鼠标拾取靠近曲线中点的位置,再次移动鼠标,可以看到曲线已"挂"到十字光标上,这时可按系统提示用键盘或鼠标输入定位点,这样就可方便快捷的实现曲线的平移。

2.2　复制选择到

对拾取到的实体进行复制粘贴。

2.2.1　基本概念。

（1）给定两点。是指通过两点的定位方式完成图形元素复制粘贴。

（2）移动。将实体复制到一个指定位置上,可根据需要在立即菜单【2:】中选择保持原态和粘贴为块。

（3）非正交。限定【复制选择到】时的移动形式,用鼠标单击该项,则该项内容变为【正交】。

（4）旋转角度。图形在进行复制或平移时,允许指定实体的旋转角度,可由键盘输入新值。

（5）比例。进行【复制选择到】操作之前,允许用户指定被复制图形的缩放系数。

（6）份数。当选择复制操作时,立即菜单【6:】份数,进行数量选择。

所谓份数即要复制的实体数量。系统根据用户指定的两点距离和份数,计算每份的间距,然后再进行复制(有关份数的概念后面将进一步说明)。

2.2.2　单击并选择【修改】下拉菜单中的【复制选择到】命令或在的【编辑】工具栏单击【平移】按钮 ▦ ,可弹出如图 2-72 所示的立即菜单。

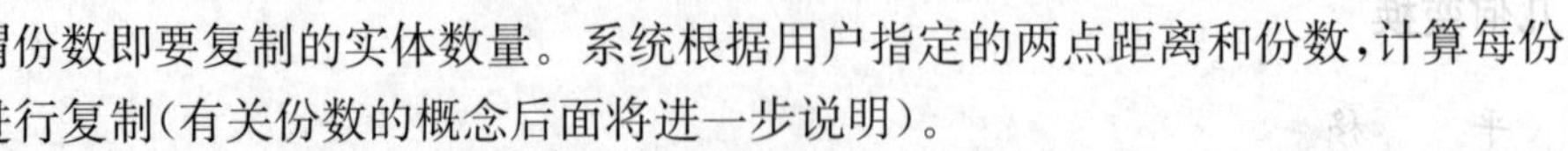

图 2-72　复制立即菜单

（1）关于给定偏移的说明，参考平移解释。

（2）如果用户希望在复制操作中，将原图的大小或方向进行改变，那么，应当在拾取实体以前，先设置旋转角度和缩放比例的新值，然后再进行上面讲述的操作过程。

（3）关于复制份数的说明，参考复制解释。

（4）如果立即菜单中的份数值大于1，则系统要根据给出的基准点与用户指定的目标点以及份数，来计算各复制图形间的间距。具体地说，就是将基准点和目标点之间所确定的偏移量和方向，向着目标点方向安排若干个被复制的图形。

2.3　旋　转

对拾取到的实体进行旋转或旋转复制。

2.3.1　单击并选择【修改】下拉菜单中的【旋转】命令或在【编辑】工具栏单击【旋转】按钮 。

2.3.2　按系统提示拾取要旋转的实体，可单个拾取，也可用窗口拾取，拾取到的实体变为红色，拾取完成后右击加以确认。

2.3.3　这时操作提示变为【基点】，用鼠标指定一个旋转基点。操作提示变为【旋转角】。此时，可以由键盘输入旋转角度，也可以用鼠标移动来确定旋转角。由鼠标确定旋转角时，拾取的实体随光标的移动而旋转。当确定了旋转位置之后，单击左键，旋转操作结束。

2.3.4　如果用鼠标选择立即菜单中的【3：旋转】，则该项内容变为【3. 复制】。用户按这个菜单内容能够进行复制操作。复制操作的方法与操作过程与旋转操作完全相同。只是复制后原图不消失。

【举例】

例1：图2-73（b）是一个只旋转、不复制的例子，它是将有键槽的轴旋转60°放置。

例2：图2-73（c）是一个旋转复制的例子。

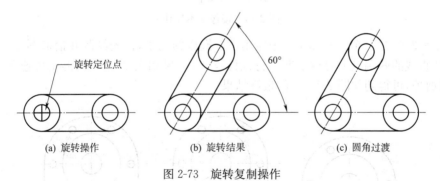

(a) 旋转操作　　　　　　(b) 旋转结果　　　　　　(c) 圆角过渡

图2-73　旋转复制操作

2.4　镜　像

对拾取到的实体以某一条直线为对称轴，进行对称镜像或对称复制。

2.4.1　单击并选择【修改】下拉菜单中的【镜像】命令或在【编辑】工具栏单击【镜像】按钮 。

2.4.2　系统弹出立即菜单，按系统提示拾取要镜像的实体，可单个拾取，也可用窗口拾取，拾取到的实体变为亮红色显示，拾取完成后右击加以确认。

2.4.3　这时操作提示变为【选择轴线】，用鼠标拾取一条作为镜像操作的对称轴线，一个以该轴线为对称轴的新图形显示出来，同时原来的实体即刻消失。

2.4.4 如果用鼠标单击立即菜单【1：选择轴线】，则该项内容变为【给定两点】。其含义为允许用户指定两点，两点连线作为镜像的对称轴线，其他操作与前面相同。

2.4.5 如果用鼠标选择立即菜单中的【3：镜像】，则该项内容变为【复制】，用户按这个菜单内容能够进行复制操作。复制操作的方法与操作过程与镜像操作完全相同，只是复制后原图不消失。

2.4.6 通过选择立即菜单中的【2：】可使图形进行水平和竖直两个方向进行镜像。

【举例】

例1：图 2-74 为镜像基本操作的实例，拾取操作镜像结果。

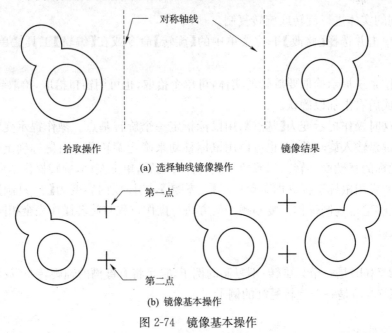

图 2-74　镜像基本操作

例2：图 2-75 是一个在实际绘图中应用镜像操作的例子，首先绘制并拾取图 2-75(a)中的实体，选择直线的两端点为对称基准进行镜像操作，结果如图 2-75(b)，再用快速裁剪将多余的线条裁剪掉，可得到如图 2-75(c)的最终结果。

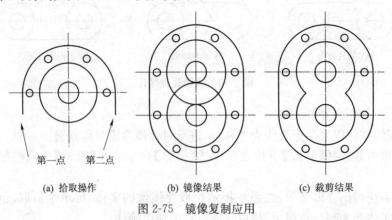

图 2-75　镜像复制应用

2.5　比例缩放

对拾取到的实体进行按比例放大和缩小。

2.5.1 单击并选择【修改】下拉菜单中的【比例缩放】命令或在【编辑】工具栏单击【比例缩放】按钮 ⊡。

2.5.2 按操作提示用鼠标拾取实体,拾取结束后右击确认。可弹出如图 2-76 所示的立即菜单。

图 2-76 比例缩放立即菜单

尺寸值不变:用鼠标单击该项,则该项内容变为【尺寸值变化】。

如果拾取的元素中包含尺寸元素,则该项可以控制尺寸的变化。当选择【尺寸值不变】时,所选择尺寸元素不会随着比例变化而变化。反之当选择【尺寸值变化】时尺寸值会根据相应的比例进行放大或缩小。

比例不变:用鼠标单击该项,则该项内容变为【比例变化】。当选择【比例变化】时尺寸会根据比例系数发生变化。

2.5.3 然后用鼠标指定一个比例变换的基点,则系统又提示【比例系数】。

2.5.4 移动鼠标时,系统自动根据基点和当前光标点的位置来计算比例系数,且动态在屏幕上显示变换的结果。当输入完毕或认为光标位置确定后,单击鼠标左键,一个变换后的图形立即显示在屏幕上。用户也可通过键盘直接输入放缩的比例系数。

2.6 阵 列

在机械工程图样中,阵列是一项很重要的操作,并且被经常使用。阵列的方式有圆形阵列、矩形阵列和曲线阵列三种。阵列操作的目的是通过一次操作可同时生成若干个相同的图形,以提高作图速度。

2.6.1 圆形阵列

对拾取到的实体,以某基点为圆心进行阵列复制。

(1)单击并选择【修改】下拉菜单中的【阵列】命令或在【编辑】工具栏单击【阵列】按钮 ⊞。按当前立即菜单和操作提示要求,可以进行一次圆形阵列的操作,其阵列结果为阵列后的图形均匀分布,份数为 4。如图 2-77 所示。

图 2-77 立即菜单 1

(2)用鼠标拾取实体,拾取的实体变为亮红色显示,拾取完成后用鼠标右键加以确认。按照操作提示,用鼠标左键拾取阵列图形的中心点和基点后,一个阵列复制的结果显示出来。

(3)系统根据立即菜单中的【2:旋转】在阵列时自动对图形进行旋转。

(4)系统根据立即菜单中的【3:均布】和【4:份数】自动计算各插入点的位置,各点之间夹角相等。各阵列图形均匀地排列在同一圆周上。其中的份数数值应包括用户拾取的实体。

(5)用鼠标单击立即菜单中的【3:均布】,则立即菜单转换为如图 2-78 所示。

图 2-78 立即菜单 2

此立即菜单的含义为用给定夹角的方式进行圆形阵列,各相邻图形夹角为 30°,阵列的填充角度为 360°。其中阵列填充角的含义为从拾取的实体所在位置起,绕中心点逆时针方向转过的夹角,相邻夹角和阵列填充角都可以由键盘输入确定。

【举例】

图 2-79 是圆形阵列操作的实例,其中图 2-79(a)为均布方式,图 2-79(b)为给定夹角方式,夹角为 60°,阵列填角为 180°。

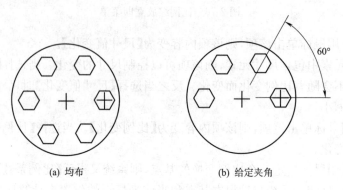

(a) 均布   (b) 给定夹角

图 2-79   圆形阵列

2.6.2   曲线阵列

曲线阵列就是在一条或多条首尾相连的曲线上生成均布的图形选择集。各图形选择集的结构相同,位置不同,另外,其姿态是否相同取决于【旋转/不旋转】选项。

(1)曲线阵列,圆形阵列和矩形阵列可以通过单击立即菜单中的【1. 矩形阵列】或【1. 圆形阵列】以及【1. 曲线陈列】进行切换。曲线阵列指令如图 2-80 所示。

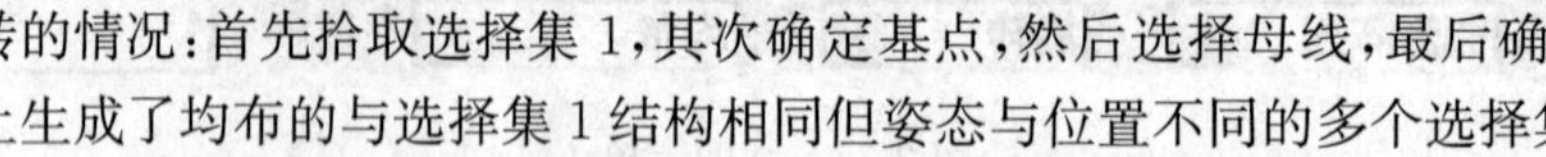

> 1: 曲线阵列 ▼ 2: 单个拾取母线 ▼ 3: 旋转 ▼ 4:份数 4

图 2-80   曲线阵列指令

(2)如图 2-80 所示,当前立即菜单中规定了母线拾取方式,是否旋转以及阵列份数,这些值均可通过键盘输入进行修改。

对于旋转的情况:首先拾取选择集 1,其次确定基点,然后选择母线,最后确定生成方向,于是在母线上生成了均布的与选择集 1 结构相同但姿态与位置不同的多个选择集。

对于不旋转的情况:首先拾取选择集 2,其次决定基点,然后选择母线,于是在母线上生成了均布的与选择集 2 结构姿态相同但位置不同的多个选择集。

母线的拾取方式:

拾取母线可单个拾取也可链拾取。单个拾取时仅拾取单根母线;链拾取时可拾取多根首尾相连的母线集,也可只拾取单根母线。

单根拾取母线时,阵列从母线的端点开始。

链拾取母线时,阵列从鼠标单击到的那根曲线的端点开始。

可拾取的母线种类:

对于单个拾取母线,可拾取的曲线种类有:直线、圆弧、圆、样条、椭圆、多义线;对于链拾取母线,链中只能有直线、圆弧或样条。

单个拾取母线时的多义线,主要是从 AutoCAD 而来。若多义线内的曲线均为直线段,则数控车能够正常读入为多义线,所以可作为母线;若多义线内存在圆弧,数控车读入时就会把多义线读为块,所以不能作为母线。

2.6.3　阵列份数

阵列份数表示阵列后生成的新选择集的个数。特别的,当母线不闭合时,母线的两个端点均生成新选择集,新选择集的总份数不变。

【举例】

图 2-81 是曲线阵列的两个实例,其中图 2-81(a)是单个拾取母线,选择旋转,份数为 4,图 2-81(b)是同种条件下,选择的不旋转。

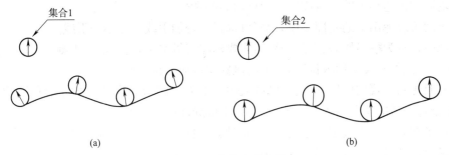

图 2-81　曲线阵列实例

2.7　矩形阵列

对拾取到的实体按矩形阵列的方式进行阵列复制。

2.7.1　曲线阵列,圆形阵列和矩形阵列可以通过单击立即菜单中的【1. 矩形阵列】或【1. 圆形阵列】以及【1. 曲线陈列】进行切换。

2.7.2　如图 2-82 所示,当前立即菜单中规定了矩形阵列的行数、行间距、列数、列间距以及旋转角的默认值,这些值均可通过键盘输入进行修改。

1:矩形阵列▼ 2:行数 1　3:行间距 100　4:列数 2　5:列间距 100　6:旋转角度 0

图 2-82　矩形阵列立即菜单

2.7.3　行、列间距指阵列后各元素基点之间的间距大小,旋转角指与 X 轴正方向的夹角。

【举例】

图 2-83 是矩形阵列的两个实例,其中图 2-83(a)的行数为 3,行间距为 7,列数为 4,列间距为 8,旋转角为 0°;图 2-83(b)的行数为 2,行间距为 5,列数为 3,列间距为 6,旋转角为 45°。

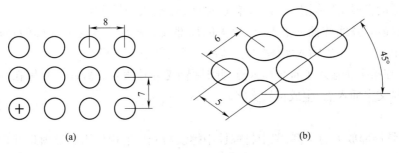

图 2-83　矩形阵列

2.8 局部放大

用一个圆形窗口或矩形窗口将图形的任意一个局部图形进行放大,在机械图样中会经常使用这一功能。

2.8.1 圆形窗口局部放大

(1)单击并选择【绘图】下拉菜单中的【局部放大图】命令或在【标注】工具栏单击【局部放大】按钮 。

(2)系统弹出立即菜单。从立即菜单项【1:】中选择【圆形边界】。

(3)用户选择立即菜单【2:比例】和【3:符号】,则可输入放大比例和该局部视图的名称。

(4)输入局部放大图形圆心点。

(5)输入圆形边界上的一点或输入圆形边界的半径。

(6)这时系统弹出新的立即菜单,用户可选择是否加引线还是不加引线。

(7)此时提示为【符号插入点】,如果不需要标注符号文字,则右击。否则,移动光标在屏幕上选择好合适的符号文字插入位置后,单击鼠标左键插入符号文字。

(8)此时提示为:【实体插入点】。已放大的局部放大图形虚像随着光标的移动动态显示。在屏幕上指定合适的位置输入实体插入点后,生成局部放大图形。

(9)如果在第 7 步输入了符号插入点,此时提示【符号插入点】,移动光标在屏幕上合适的位置输入符号文字插入点,生成符号文字。

2.8.2 矩形窗口局部放大

(1)单击并选择【绘图】下拉菜单中的【局部放大】命令或在的【标注】工具栏单击【局部放大】按钮 。

(2)系统弹出立即菜单,如图 2-84 所示。从立即菜单项【1:】中选择【矩形边界】。

图 2-84 矩形局部放大指令

(3)用户选择立即菜单【2:】可选择矩形框可见或不可见,选择【3:比例】和【4:符号】,则可输入放大比例和该局部视图的名称。

(4)按系统提示输入局部放大图形矩形两角点;如果步骤 1 中选择边框可见,生成矩形边框;否则不生成。

(5)这时系统弹出新的立即菜单,用户可选择是否加引线。

(6)此时提示为【符号插入点】,如果不需要标注符号文字,则右击。否则,移动光标在屏幕上选择好合适的符号文字插入位置后,单击鼠标左键插入符号文字。

(7)此时提示为【实体插入点】。已放大的局部放大图形虚像随着光标的移动动态显示。在屏幕上指定合适的位置输入实体插入点后,生成局部放大图形。

(8)如果在第 7 步输入了符号插入点,此时提示【符号插入点】,移动光标在屏幕上合适的位置输入符号文字插入点,生成符号文字。

【举例】

图 2-85 是局部放大的实例,图中将螺栓中螺纹与光杆连接处用圆形窗口和矩形窗口两种方式进行放大。

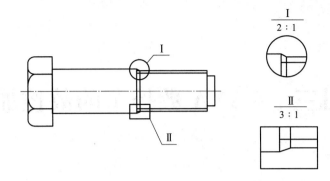

图 2-85　局部放大

注意：局部放大后，尺寸值按放大比例值而放大，尺寸标注时要调整度量比例。

项目三　CAXA 数控车的数控加工

学习目标

掌握 CAXA 数控车刀具参数设置

掌握 CAXA 数控车加工参数设置

掌握 CAXA 数控加工的基本概念

任务一　CAXA 数控车刀具操作方法及刀具管理

　　该功能定义、确定刀具的有关数据，以便于用户从刀具库中获取刀具信息和对刀具库进行维护。刀具库管理功能包括轮廓车刀、切槽刀具、螺纹车刀、钻孔刀具四种刀具类型的管理。

　　在菜单区中【数控车】子菜单区选取【刀具管理】菜单项，系统弹出刀具库管理对话框，用后可按自己的需要添加新的刀具，对已有刀具的参数进行修改，更换使用的当前刀等。

　　当需要定义新的刀具时，按【增加刀具】按钮可弹出添加刀具对话框。

　　在刀具列表中选择要删除的刀具名，按【删除刀具】按钮可从刀具库中删除所选择的刀具。注意：不能删除当前刀具。

　　在刀具列表中选择要使用的当前刀具名，按【置当前刀】可将选择的刀具设为当前刀具，也可在刀具列表中用鼠标双击所选的刀具。

　　改变参数后，按"修改刀具"按钮即可对刀具参数进行修改。

　　需要指出的是，刀具库中的各种刀具只是同一类刀具的抽象描述，并非符合国标或其他标准的详细刀具库。所以只列出了对轨迹生成有影响的部分参数，其他与具体加工工艺相关的刀具参数并未列出。例如，将各种外轮廓，内轮廓，端面粗精车刀均归为轮廓车刀，对轨迹生成没有影响。其他补充信息可在【备注】栏中输入。

1　刀具参数说明

1.1　轮廓车刀（图 3-1）

刀具名：刀具的名称，用于刀具标识和列表，刀具名是唯一的。

刀具号：刀具的系列号，用于后置处理的自动换刀指令。刀具号唯一，并对应机床的刀库。

刀具补偿号：刀具补偿值的序列号，其值对应于机床的数据库。

刀柄长度：刀具可夹持段的长度。

刀柄宽度：刀具可夹持段的宽度。

刀角长度：刀具可切削段的长度。

刀尖半径：刀尖部分用于切削的圆弧的半径。

刀具前角：刀具前刀与工件旋转轴的夹角。

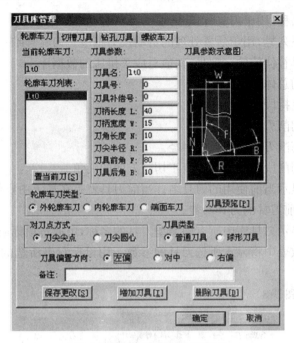

图 3-1　轮廓车刀参数对话框

　　当前轮廓车刀：显示当前使用的刀具的刀具名。当前刀具就是在加工中要使用的刀具，在加工轨迹的生成中要使用当前刀具的刀具参数。

　　轮廓车刀列表：显示刀具库中所有同类型刀具的名称，可通过鼠标或键盘的上下键选择不同的刀具名，刀具参数表中将显示所选刀具的参数。用鼠标双击所选的刀具还能将其置为当前刀具。

　　1.2　切槽刀具（图 3-2）

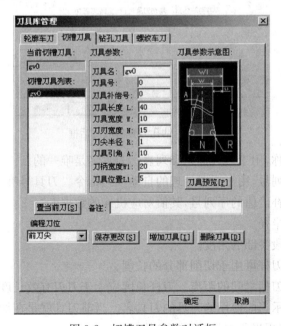

图 3-2　切槽刀具参数对话框

刀具名：刀具的名称，用于刀具标识和列表，刀具名是唯一的。

刀具号：刀具的系列号，用于后置处理的自动换刀指令。刀具号唯一，对应机床的刀具库。

刀具补偿号：刀具补偿值的序列号，其值对应于机床的数据库。

刀具长度：刀具的总体长度。

刀柄宽度：刀具夹持段的宽度。

刀刃宽度：刀具切削刃的宽度。

刀尖半径：刀具切削刃两端圆弧的半径。

刀具引角：刀具切削段两侧边与垂直于切削方向的夹角。

当前切槽刀具：显示当前使用的刀具名。当前刀具就是在加工中要使用的刀具，在加工轨迹的生成中要使用当前刀具的刀具参数。

切槽刀具列表：显示刀具库中所有同类型刀具的名称，可通过鼠标或键盘的上下键选择不同的刀具名，刀具参数表中将显示所选刀具的参数。用鼠标双击所选的刀具还能将其置为当前刀具。

1.3 钻孔刀具(图 3-3)

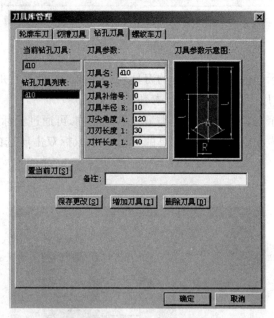

图 3-3　钻孔刀具参数对话框

刀具名：刀具的名称，用于刀具标识和列表。刀具名是唯一的。

刀具号：刀具的系列号，用于后置处理的自动换刀指令。刀具号唯一，对应机床的刀具库。

刀具补偿号：刀具补偿值的序列号，其值对应机床的数据库。

刀具半径：刀具的半径。

刀尖角度：钻头前段尖部的角度。

刀刃长度：刀具的刀杆可用于切削部分的长度。

刀杆长度：刀尖到刀柄之间的距离。刀杆长度应大于刀刃有效长度。

当前钻孔刀具：显示当前使用的刀具的刀具名。当前刀具就是在加工中要使用的刀具，在加工轨迹的生成中要使用当前刀具的刀具参数。

钻孔刀具列表：显示刀具库中所有同类型刀具的名称，可通过鼠标或键盘的上下键选择不同的刀具名，刀具参数表中将显示所选刀具的参数。用鼠标双击所选的刀具还能将其置为当前刀具。

1.4　螺纹刀具(图 3-4)

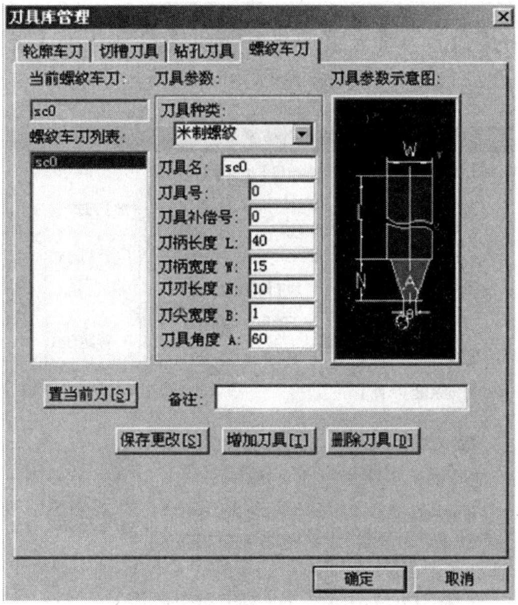

图 3-4　螺纹车刀参数对话框

刀具名：刀具的名称，用于刀具标识和列表。刀具名是唯一的。

刀具号：刀具的系列号，用于后置处理的自动换刀指令。刀具号唯一，对应机床的刀具库。

刀具补偿号：刀具补偿值的序列号，其值对应机床的数据库。

刀柄长度：刀具可夹持段的长度。

刀柄宽度：刀具夹持段的宽度。

刀刃长度：刀具切削刃顶部的宽度。对于三角螺纹车刀，刀刃宽度等于 0.

刀具角度：刀具切削段两侧边与垂直于切削方向的夹角，该角度决定了车削出的螺纹的螺纹角。

刀尖宽度：螺纹齿底宽度。

当前螺纹车刀：显示当前使用的刀具名。当前刀具就是在加工中要使用的刀具，在加工轨迹的生成中要使用当前刀具的刀具参数。

螺纹车刀列表：显示刀具库中所有同类型刀具的名称，可通过鼠标或键盘的上下键选择不同的刀具名，刀具参数表中将显示所选刀具的参数。用鼠标双击所选的刀具还能将其置为当前刀具。

2　轮廓粗车参数说明

2.1　轮廓粗车界面操作步骤

该功能用于实现对工件外轮廓表面、内轮廓表面和端面的粗车加工，用来快速清除毛坯的多余部分。

做轮廓粗车时要确定被加工轮廓和毛坯轮廓,被加工轮廓就是加工结束后的工件表面轮廓,毛坯轮廓就是加工前毛坯的表面轮廓。被加工轮廓和毛坯轮廓两端点相连,两轮廓共同构成一个封闭的加工区域,在此区域的材料将被加工去除。被加工轮廓和毛坯轮廓不能单独闭合或自相交。

2.1.1　在菜单区中的【数控车】子菜单区中选取【轮廓粗车】菜单项,系统弹出加工参数表,如图 3-5 所示。

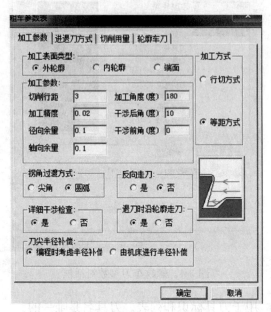

图 3-5　轮廓粗车加工参数表

在参数表中首先要确定被加工的是外轮廓表面,还是内轮廓表面或端面,接着按加工要求确定其他各加工参数。

2.1.2　确定参数后拾取被加工的轮廓和毛坯轮廓,此时可使用系统提供的轮廓拾取工具,对于多段曲线组成的轮廓使用【限制链拾取】将极大地方便拾取。采用【链拾取】和【限制链拾取】时的拾取箭头方向与实际的加工方向无关。

2.1.3　确定进退刀点。指定一点为刀具加工前和加工后所在的位置。按鼠标右键可忽略该点的输入。

完成上述步骤后即可生成加工轨迹。在【数控车】菜单区中选取【生成代码】功能项,拾取刚生成的刀具轨迹,即可生成加工指令。

2.2　轮廓粗车参数说明

2.2.1　加工参数

点击对话框中的【加工参数】标签即进入加工参数表。加工参数表主要用于对粗车加工中的各种工艺条件和加工方式进行限定。各加工参数含义说明如下:

(1)加工表面类型

外轮廓:采用外轮廓车刀加工外轮廓,此时缺省加工方向角度为 180°。

内轮廓:采用内轮廓车刀加工内轮廓,此时缺省加工方向角度为 180°。

车端面:此时缺省加工方向应垂直于系统 X 轴,即加工角度为−90°或 270°。

(2)加工参数

干涉后角:做底切干涉检查时,确定干涉检查的角度。

干涉前角:做前角干涉检查时,确定干涉检查的角度。

加工角度:刀具切削方向与机床 Z 轴(软件系统 X 正方向)正方向的夹角。

切削行距:行间切入深度,两相邻切削行之间的距离。

径向余量:加工结束后,被加工径向表面没有加工的部分的剩余量(与最终加工结果比较)。

轴向余量:加工结束后,被加工轴向表面没有加工的部分的剩余量(与最终加工结果比较)。

加工精度:用户可按需要来控制加工的精度。对轮廓中的直线和圆弧,机床可以精确地加工;对由样条曲线组成的轮廓,系统将按给定的精度把样条转化成直线段来满足用户所需的加工精度。

(3)拐角过渡方式

圆弧:在切削过程遇到拐角时刀具从轮廓的一边到另一边的过程中,以圆弧的方式过渡。

尖角:在切削过程遇到拐角时刀具从轮廓的一边到另一边的过程中,以尖角的方式过渡。

(4)反向走刀

否:刀具按缺省方向走刀,即刀具从机床 Z 轴正向向 Z 轴负向移动。

是:刀具按与缺省方向相反的方向走刀。

(5)详细干涉检查

否:假定刀具前后干涉角均 0°,对凹槽部分不做加工,以保证切削轨迹无前角及底切干涉。

是:加工凹槽时,用定义的干涉角度检查加工中是否有刀具前角及底切干涉,并按定义的干涉角度生成无干涉的切削轨迹。

(6)退刀时沿轮廓走刀

否:刀位行首末直接进退刀,不加工行与行之间的轮廓。

是:两刀位行之间如果有一段轮廓,在后一刀位行之前、之后增加对行间轮廓的加工。

(7)刀尖半径补偿

编程时考虑半径补偿:在生成加工轨迹时,系统根据当前所用刀具的刀尖半径进行补偿计算(按假想刀尖点编程)。所生成代码即为已考虑半径补偿的代码,无需机床再进行刀尖半径补偿。

由机床进行半径补偿:在生成加工轨迹时,假设刀尖半径为 0,按轮廓编程,不进行刀尖半径补偿计算。所生成代码在用于实际加工时应根据实际刀尖半径由机床指定补偿值。

2.1.2　进退刀方式

点击对话框中的【进退刀方式】标签即进入进退刀方式参数表。该参数表用于对加工中的进退刀方式进行设定,如图 3-6 所示。

(1)进刀方式

相对毛坯进刀方式用于指定对毛坯部分进行切削时的进刀方式,相对加工表面进刀方式用于指定对加工表面部分进行切削时的进刀方式。

与加工表面成定角:指在每一切削行前加入一段与轨迹切削方向夹角成一定角度的进刀段,刀具垂直进刀到该进刀段的起点,再沿该进刀段进刀至切削行。角度定义该进刀段与轨迹切削方向的夹角,长度定义该进刀段的长度。

垂直进刀:指刀具直接进刀到每一切削行的起始点。

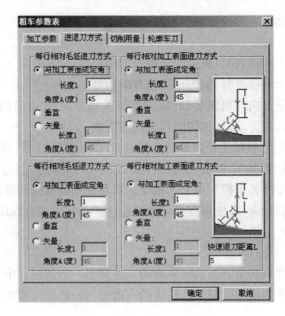

图 3-6　轮廓粗车进退刀方式

矢量进刀：指在每一切削行前加入一段与系统 X 轴（机床 Z 轴）正方向成一定夹角的进刀段，刀具进刀到该进刀段的起点，再沿该进刀段进刀至切削行。角度定义矢量（进刀段）与系统 X 轴正方向的夹角，长度定义矢量（进刀段）的长度。

（2）退刀方式

相对毛坯退刀方式用于指定对毛坯部分进行切削时的退刀方式，相对加工表面退刀方式用于指定对加工表面部分进行切削时的退刀方式。

与加工表面成定角：指在每一切削行后加入一段与轨迹切削方向夹角成一定角度的退刀段，刀具先沿该退刀段退刀，再从该退刀段的末点开始垂直退刀。角度定义该退刀段与与轨迹切削方向的夹角，长度定义该退刀段的长度。

轮廓垂直退刀：指刀具直接进刀到每一切削行的起始点。

轮廓矢量退刀：指在每一切削行后加入一段与系统 X 轴（机床 Z 轴）正方向成一定夹角的退刀段，刀具先沿该退刀段退刀，再从该退刀段的末点开始垂直退刀。角度定义矢量（退刀段）与系统 X 轴正方向的夹角，长度定义矢量（退刀段）的长度快速退刀距离：以给定的退刀速度回退的距离（相对值），在此距离上以机床允许的最大进给速度 G0 退刀。

2.2.3　切削用量

在每种刀具轨迹生成时，都需要设置一些与切削用量及机床加工相关的参数。点击"切削用量"标签可进入切削用量参数设置页，如图 3-7 所示。

（1）速度设定

接近速度：刀具接近工件时的进给速度。

主轴转速：机床主轴旋转的速度。计量单位是机床缺省的单位。

退刀速度：刀具离开工件的速度。

（2）主轴转速选项

恒转速：切削过程中按指定的主轴转速保持主轴转速恒定，直到下一指令改变该转速。

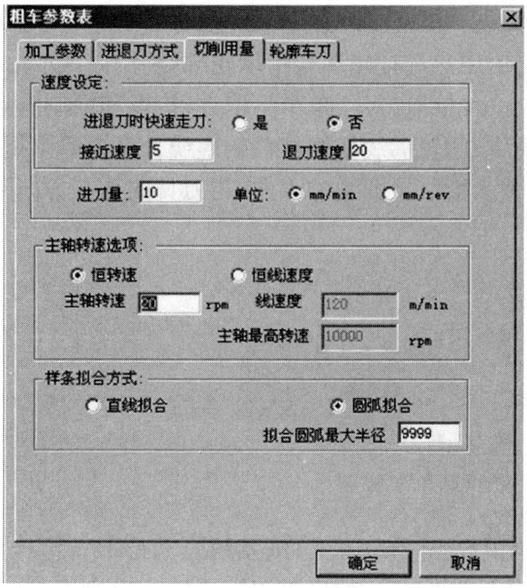

图 3-7　轮廓粗车切削用量参数表

恒线速度：切削过程中按指定的线速度值保持线速度恒定。

（3）样条拟合方式

直线：对加工轮廓中的样条线根据给定的加工精度用直线段进行拟合。

圆弧：对加工轮廓中的样条线根据给定的加工精度用圆弧段进行拟合。

2.2.4　轮廓车刀

点击【轮廓车刀】标签可进入轮廓车刀参数设置页。该页用于对加工中所用的刀具参数进行设置。具体参数说明请参考【刀具管理】中的说明。

2.2.5　举例

（1）如图 3-8 所示，曲线轮廓内部部分为要加工出的外轮廓，方框部分为毛坯轮廓。

（2）生成轨迹时，只需画出由要加工出的外轮廓和毛坯轮廓的上半部分组成的封闭区域（需切除部分）即可，其余线条不用画出，如图 3-9 所示。

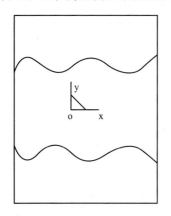

图 3-8　待加工零件及毛坯外轮廓

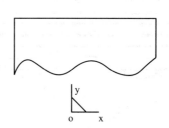

图 3-9　待加工外轮廓和毛坯轮廓的
上半部分组成的封闭区域

(3)填写参数表:在对话框中填写参数表,填写完参数后,拾取对话框【确认】按钮。

(4)拾取轮廓,系统提示用户选择轮廓线拾取轮廓,利用曲线拾取工具菜单,用空格键弹出工具菜单。工具菜单提供三种拾取方式:单个拾取,链拾取和限制链拾取。如图 3-10 所示。

当拾取第一条轮廓线后,此轮廓线变为红色的虚线。系统给出提示:选择方向。要求用户选择一个方向,此方向只表示拾取轮廓线的方向,与刀具的加工方向无关。如图 3-11 所示。

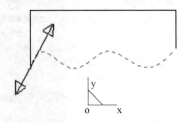

图 3-10　链拾取菜单工具　　　　　　　　图 3-11　轮廓拾取方向示意图

选择方向后,如果采用的是链拾取方式,则系统自动拾取首尾连接的轮廓线,如果采用单个拾取,则系统提示继续拾取轮廓线。如果采用限制链拾取则系统自动拾取该曲线与限制曲线之间连接的曲线。若加工轮廓与毛坯轮廓首尾相连,采用链拾取会将加工轮廓与毛坯轮廓混在一起,采用限制链拾取或单个拾取则可以将加工轮廓与毛坯轮廓区分开。

(5)拾取毛坯轮廓,拾取方法与上类似。

(6)确定进退刀点。指定一点为刀具加工前和加工后所在的位置。按鼠标右键可忽略该点的输入。

(7)生成刀具轨迹。确定进退刀点之后,系统生成绿色的刀具轨迹,如图 3-12 所示。

(8)在【数控车】菜单区中选取【生成代码】功能项,拾取刚生成的刀具轨迹,即可生成加工指令。

2.2.6　注意问题

(1)加工轮廓与毛坯轮廓必须构成一个封闭区域,被加工轮廓和毛坯轮廓不能单独闭合或自相交。

(2)为便于采用链拾取方式,可以将加工轮廓与毛坯轮廓绘成相交,系统能自动求出其封闭区域,如图 3-13 所示。

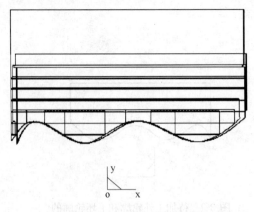

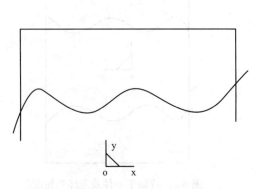

图 3-12　生成的粗车加工轨迹　　　　图 3-13　由相交的待加工外轮廓和毛坯轮廓
　　　　　　　　　　　　　　　　　　　　　　（上半部分）组成的封闭区域

（3）软件绘图坐标系与机床坐标系的关系。在软件坐标系中 X 正方向代表机床的 Z 轴正方向，Y 正方向代表机床的 X 正方向。本软件用加工角度将软件的 XY 向转换成机床的 ZX 向，如切外轮廓，刀具由右到左运动，与机床的 Z 正向成 180°，加工角度取 180°。切端面，刀具从上到下运动，与机床的 Z 正向成-90°或 270°，加工角度取-90°或 270°。

3　轮廓精车参数说明

实现对工件外轮廓表面、内轮廓表面和端面的精车加工。做轮廓精车时要确定被加工轮廓，被加工轮廓就是加工结束后的工件表面轮廓，被加工轮廓不能闭合或自相交。

3.1　轮廓精车界面操作步骤

3.1.1　在菜单区中的【数控车】子菜单区中选取【轮廓精车】菜单项，系统弹出加工参数表，如图 3-14 所示。

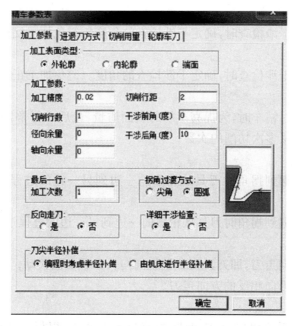

图 3-14　精车加工参数表

在参数表中首先要确定被加工的是外轮廓表面，还是内轮廓表面或端面，接着按加工要求确定其他各加工参数。

3.1.2　确定参数后拾取被加工轮廓，此时可使用系统提供的轮廓拾取工具。

3.1.3　选择完轮廓后确定进退刀点，指定一点为刀具加工前和加工后所在的位置。按鼠标右键可忽略该点的输入。

完成上述步骤后即可生成精车加工轨迹。在【数控车】菜单区中选取【生成代码】功能项，拾取刚生成的刀具轨迹，即可生成加工指令。

3.2　轮廓精车参数说明

3.2.1　加工参数

加工参数主要用于对精车加工中的各种工艺条件和加工方式进行限定。各加工参数含义说明如下：

(1)加工表面类型

外轮廓:采用外轮廓车刀加工外轮廓,此时缺省加工方向角度为 180°。

内轮廓:采用内轮廓车刀加工内轮廓,此时缺省加工方向角度为 180°。

车端面:此时缺省加工方向应垂直于系统 X 轴,即加工角度为 $-90°$ 或 270°。

(2)加工参数

切削行距:行与行之间的距离。沿加工轮廓走刀一次称为一行。

切削行数:刀位轨迹的加工行数,不包括最后一行的重复次数。

径向余量:加工结束后,被加工径向表面没有加工部分的剩余量。

轴向余量:加工结束后,被加工轴向表面没有加工部分的剩余量。

加工精度:用户可按需要来控制加工的精度。对轮廓中的直线和圆弧,机床可以精确地加工;对由样条曲线组成的轮廓,系统将按给定的精度把样条转化成直线段来满足用户所需的加工精度。

干涉前角:做底切干涉检查时,确定干涉检查的角度。避免加工反锥时出现前刀面与工件干涉。

干涉后角:做底切干涉检查时,确定干涉检查的角度。避免加工正锥时出现刀具底面与工件干涉。

最后一行加工次数:精车时,为提高车削的表面质量,最后一行常常在相同进给量的情况进行多次车削,该处定义多次切削的次数。

(3)拐角过渡方式

圆弧:在切削过程遇到拐角时刀具从轮廓的一边到另一边的过程中,以尖角圆弧的方式过渡。

尖角:在切削过程遇到拐角时刀具从轮廓的一边到另一边的过程中,以尖角的方式过渡。

(4)反向走刀

否:刀具按缺省方向走刀,即刀具从 Z 轴正向向从 Z 轴负向移动。

是:刀具按与缺省方向相反的方向走刀。

(5)详细干涉检查

否:假定刀具前后干涉角均为 0°,对凹槽部分不做加工,以保证切削轨迹无前角及底切干涉。

是:加工凹槽时,用定义的干涉角度检查加工中是否有刀具前角及底切干涉,并按定义的干涉角度生成无干涉的切削轨迹。

(6)刀尖半径补偿

编程时考虑半径补偿:在生成加工轨迹时,系统根据当前所用刀具的刀尖半径进行补偿计算(按假想刀尖点编程)。所生成代码即为已考虑半径补偿的代码,无需机床再进行刀尖半径补偿。

由机床进行半径补偿:在生成加工轨迹时,假设刀尖半径为 0,按轮廓编程,不进行刀尖半径补偿计算。所生成代码在用于实际加工时应根据实际刀尖半径由机床指定补偿值。

3.2.2 进退刀方式

点击【进退刀方式】标签即进入进退刀方式参数表。该参数表用于对加工中的进退刀方式进行设定,如图 3-15 所示。

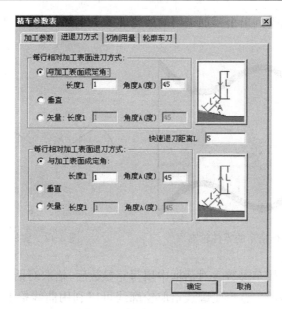

图 3-15　精车进退刀方式

（1）进刀方式

与加工表面成定角：指在每一切削行前加入一段与轨迹切削方向夹角成一定角度的进刀段，刀具垂直进刀到该进刀段的起点，再沿该进刀段进刀至切削行。角度定义该进刀段与轨迹切削方向的夹角，长度定义该进刀段的长度。

垂直进刀：指刀具直接进刀到每一切削行的起始点。

矢量进刀：指在每一切削行前加入一段与机床 Z 轴正向（系统 X 正方向）成一定夹角的进刀段，刀具进刀到该进刀段的起点，再沿该进刀段进刀至切削行。角度定义矢量（进刀段）与机床 Z 轴正向（系统 X 正方向）的夹角，长度定义矢量（进刀段）的长度。

（2）退刀方式

与加工表面成定角：指在每一切削行后加入一段与轨迹切削方向夹角成一定角度的退刀段，刀具先沿该退刀段退刀，再从该退刀段的末点开始垂直退刀。角度定义该退刀段与与轨迹切削方向的夹角，长度定义该退刀段的长度。

垂直退刀：指刀具直接进刀到每一切削行的起始点。

矢量退刀：指在每一切削行后加入一段与机床 Z 轴正向（系统 X 正方向）成一定夹角的退刀段，刀具先沿该退刀段退刀，再从该退刀段的末点开始垂直退刀。角度定义矢量（退刀段）与机床 Z 轴正向（系统 X 正方向）的夹角，长度定义矢量（退刀段）的长度。

3.2.3　切削用量

切削用量参数表的说明请参考轮廓粗车中的说明。

3.2.4　轮廓车刀

点击【轮廓车刀】标签可进入轮廓车刀参数设置页。该页用于对加工中所用的刀具参数进行设置。具体参数说明请参考【刀具管理】中的说明。

3.2.5　举例

（1）如图 3-16 所示，曲线内部部分为要加工出的外轮廓，阴影部分为须去除的材料。

(2)生成轨迹时,只需画出由要加工出的外轮廓的上半部分即可,其余线条不用画出,如图 3-17 所示。

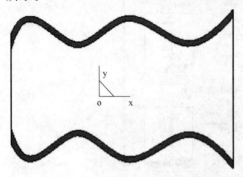

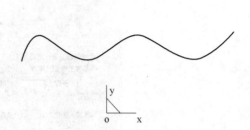

图 3-16　要进行精车的零件轮廓　　　　　图 3-17　要加工出的外轮廓

(3)填写参数表:在精车参数表对话框中填写完参数后,拾取对话框【确认】按钮。

(4)拾取轮廓,提示用户选择轮廓线拾取轮廓线可以利用曲线拾取工具菜单,用空格键弹出工具菜单,如图 3-18 所示。工具菜单提供三种拾取方式:单个拾取,链拾取和限制链拾取。

当拾取第一条轮廓线后,此轮廓线变为红色的虚线。系统给出提示:选择方向。要求用户选择一个方向,此方向只表示拾取轮廓线的方向,与刀具的加工方向无关。如图 3-19 所示。

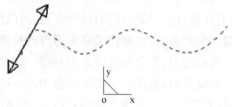

图 3-18　链拾取菜单工具　　　　　图 3-19　轮廓拾取方向示意图

选择方向后,如果采用的是链拾取方式,则系统自动拾取首尾连接的轮廓线,如果采用单个拾取,则系统提示继续拾取轮廓线。由于只需拾取一条轮廓线,采用链拾取的方法较为方便。

(5)确定进退刀点。指定一点为刀具加工前和加工后所在的位置。按鼠标右键可忽略该点的输入。

(6)生成刀具轨迹。确定进退刀点之后,系统生成绿色的刀具轨迹,如图 3-20 所示。

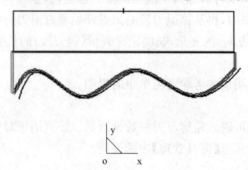

图 3-20　生成的精车加工轨迹

3.2.6　注意问题

被加工轮廓不能闭合或自相交。

4　切槽参数说明

4.1　切槽加工界面操作步骤

该功能用于在工件外轮廓表面、内轮廓表面和端面切槽。

切槽时要确定被加工轮廓,被加工轮廓就是加工结束后的工件表面轮廓,被加工轮廓不能闭合或自相交。

4.1.1　在菜单区中的【数控车】子菜单区中选取【车槽】菜单项,系统弹出加工参数表,如图 3-21 所示。

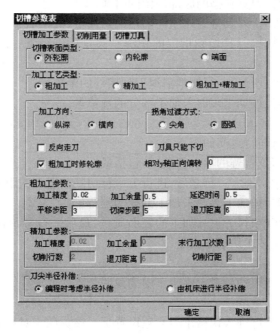

图 3-21　切槽加工参数表

在参数表中首先要确定被加工的是外轮廓表面,还是内轮廓表面或端面,接着按加工要求确定其他各加工参数。

4.1.2　确定参数后拾取被加工轮廓,此时可使用系统提供的轮廓拾取工具。

4.1.3　选择完轮廓后确定进退刀点。指定一点为刀具加工前和加工后所在的位置。按鼠标右键可忽略该点的输入。

完成上述步骤后即可生成切槽加工轨迹。在【数控车】菜单区中选取【生成代码】功能项,拾取刚生成的刀具轨迹,即可生成加工指令。

4.2　切槽加工参数说明

4.2.1　加工参数

加工参数主要对切槽加工中各种工艺条件和加工方式进行限定。各加工参数含义说明如下:

(1)加工轮廓类型

外轮廓:外轮廓切槽,或用切槽刀加工外轮廓。

内轮廓:内轮廓切槽,或用切槽刀加工内轮廓。

端面:端面切槽,或用切槽刀加工端面。

(2)加工工艺类型

粗加工:对槽只进行粗加工。

精加工:对槽只进行精加工。

粗加工＋精加工:对槽进行粗加工之后接着做精加工。

(3)拐角过渡方式

圆角:在切削过程遇到拐角时刀具从轮廓的一边到另一边的过程中,以圆弧的方式过渡。

尖角:在切削过程遇到拐角时刀具从轮廓的一边到另一边的过程中,以尖角的方式过渡。

(4)粗加工参数

延迟时间:粗车槽时,刀具在槽的底部停留的时间。

切深平移量:粗车槽时,刀具每一次纵向切槽的切入量(机床 X 向)。

水平平移量:粗车槽时,刀具切到指定的切深平移量后进行下一次切削前的水平平移量(机床 Z 向)。

退刀距离:粗车槽中进行下一行切削前退刀到槽外的距离。

加工留量:粗加工时,被加工表面未加工部分的预留量。

(5)精加工参数

切削行距:精加工行与行之间的距离。

切削行数:精加工刀位轨迹的加工行数,不包括最后一行的重复次数。

退刀距离:精加工中切削完一行之后,进行下一行切削前退刀的距离。

加工余量:精加工时,被加工表面未加工部分的预留量。

末行加工次数:精车槽时,为提高加工的表面质量,最后一行常常在相同进给量的情况下进行多次车削,该处定义多次切削的次数。

4.2.2　切削用量

切削用量参数表的说明请参考轮廓粗车中的说明。

4.2.3　切槽车刀

点击【切槽车刀】标签可进入切槽车刀参数设置页。该页用于对加工中所用的切槽刀具参数进行设置。具体参数说明请参考【刀具管理】中的说明。

4.2.4　举例

(1)如图 3-22 所示,螺纹退刀槽凹槽部分为要加工出的轮廓。

(2)填写参数表:在切槽参数表对话框中填写完参数后,拾取对话框【确认】按钮。

(3)拾取轮廓,提示用户选择轮廓线拾取轮廓线可以利用曲线拾取工具菜单,用空格键弹出工具菜单,如图 3-23 所示。工具菜单提供三种拾取方式:单个拾取,链拾取和限制链拾取。

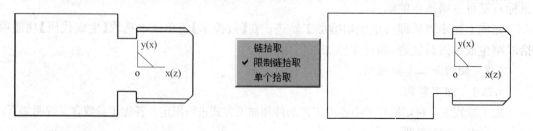

图 3-22　待加工零件   图 3-23　拾取工具菜单

当拾取第一条轮廓线后,此轮廓线变为红色的虚线。系统给出提示:选择方向。要求用户选择一个方向,此方向只表示拾取轮廓线的方向,与刀具的加工方向无关。如图 3-24 所示。

选择方向后,如果采用的是链拾取方式,则系统自动拾取首尾连接的轮廓线,如果采用单个拾取,则系统提示继续拾取轮廓线。此处采用限制链选取,系统继续提示选取限制线,选取终止线段既凹槽的左边部分,凹槽部分变成红色虚线。如图 3-25 所示。

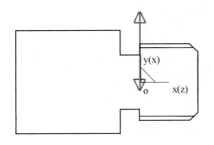
图 3-24　轮廓拾取方向示意图

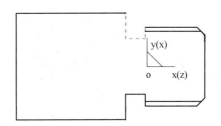
图 3-25　拾取凹槽左边部分

(4)确定进退刀点。指定一点为刀具加工前和加工后所在的位置。按鼠标右键可忽略该点的输入。

(5)生成刀具轨迹确定进退刀点之后,系统生成绿色的刀具轨迹,如图 3-26 所示。

4.2.5　注意问题

(1)被加工轮廓不能闭合或自相交。

(2)生成轨迹与切槽刀刀角半径、刀刃宽度等参数密切相关。

(3)要只绘出退刀槽的上半部分。

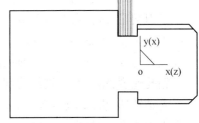
图 3-26　生成的切槽加工轨迹

5　钻中心孔参数说明

该功能用于在工件的旋转中心钻中心孔。该功能提供了多种钻孔方式,包括高速啄式深孔钻、左攻丝、精镗孔、钻孔、镗孔、反镗孔等等。因为车加工中的钻孔位置只能是工件的旋转中心,所以,最终所有的加工轨迹都在工件的旋转轴上,也就是系统的 X 轴(机床的 Z 轴)上。

5.1　钻中心孔加工界面操作步骤

5.1.1　在【数控车】子菜单区中选取【钻中心孔】功能项,弹出加工参数表,如图 3-27 所示。用户可在该参数表对话框中确定各参数。

5.1.2　确定各加工参数后,拾取钻孔的起始点,因为轨迹只能在系统的 X 轴上(机床的 Z 轴),所以把输入的点向系统的 X 轴投影,得到的投影点作为钻孔的起始点,然后生成钻孔加工轨迹。拾取完钻孔点之后即生成加工轨迹。

5.2　钻中心孔参数说明

加工参数:

加工参数主要对加工中的各种工艺条件和加工方式进行限定。各加工参数含义说明如下:

钻孔深度:要钻孔的深度。

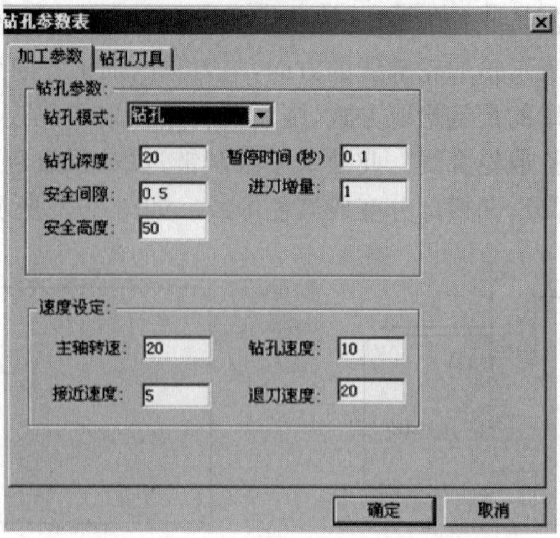

图 3-27   钻孔加工参数表

暂停时间：攻丝时刀在工件底部的停留时间。

钻孔模式：钻孔的方式，钻孔模式不同，后置处理中用到机床的固定循环指令不同。

进刀增量：深孔钻时每次进刀量或镗孔时每次侧进量。

下刀余量：当钻下一个孔时，刀具从前一个孔顶端的抬起量。

接近速度：刀具接近工件时的进给速度。

钻孔速度：钻孔时的进给速度。

主轴转速：机床主轴旋转的速度。计量单位是机床缺省的单位。

退刀速度：刀具离开工件的速度。

5.3   钻孔刀具

点击【钻孔车刀】标签可进入钻孔车刀参数设置页。该页用于对加工中所用的刀具参数进行设置。具体参数说明请参考【刀具管理】中的说明。

6   车螺纹参数说明

该功能为非固定循环方式加工螺纹，可对螺纹加工中的各种工艺条件，加工方式进行更为灵活的控制。

6.1   车螺纹加工界面操作步骤

6.1.1   在【数控车】子菜单区中选取【螺纹固定循环】功能项。依次拾取螺纹起点、终点。

6.1.2   拾取完毕，弹出加工参数表，如图 3-28 所示。前面拾取的点的坐标也将显示在参数表中。用户可在该参数表对话框中确定各加工参数。

6.1.3   参数填写完毕，选择确认按钮，即生成螺纹车削刀具轨迹。

6.1.4   在【数控车】菜单区中选取"生成代码"功能项，拾取刚生成的刀具轨迹，即可生成螺纹加工指令。

6.2   车螺纹参数说明

6.2.1   【螺纹参数】参数表主要包含了与螺纹性质相关的参数，如螺纹深度、节距、头数等。螺纹起点和终点坐标来自前一步的拾取结果，用户也可以进行修改。

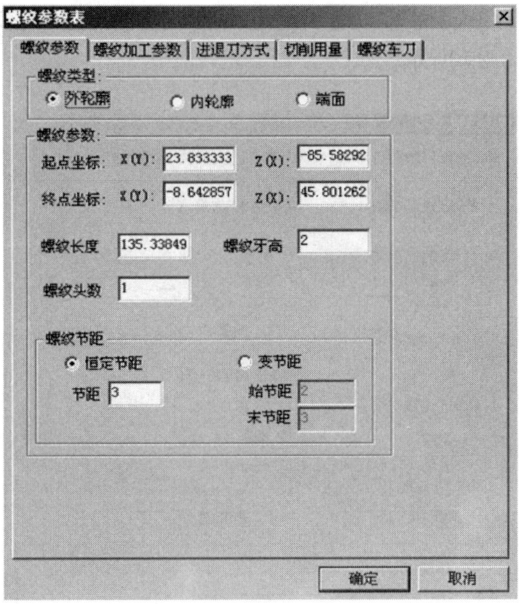

图 3-28　螺纹车削螺纹参数表

起点坐标:车螺纹的起始点坐标,单位为毫米。

终点坐标:车螺纹的终止点坐标,单位为毫米。

螺纹长度:螺纹起始点到终止点的距离。

螺纹牙高:螺纹牙的高度。

螺纹头数:螺纹起始点到终止点之间的牙数。

螺纹节距:恒定节距:两个相邻螺纹轮廓上对应点之间的距离为恒定值。节距:恒定节距值。变节距:两个相邻螺纹轮廓上对应点之间的距离为变化的值。始节距:起始端螺纹的节距。末节距:终止端螺纹的节距。

6.2.2　【螺纹加工参数】参数表则用于对螺纹加工中的工艺条件和加工方式进行设置。

加工工艺:

粗加工:指直接采用粗切方式加工螺纹。

粗加工＋精加工方式:指根据指定的粗加工深度进行粗切后,再采用精切方式(如采用更小的行距)切除剩余余量(精加工深度)。

精加工深度:螺纹精加工的切深量。

粗加工深度:螺纹粗加工的切深量。

每行切削用量:固定行距:每一切削行的间距保持恒定。

恒定切削面积:为保证每次切削的切削面积恒定,各次切削深度将逐步减小,直至等于最小行距。用户需指定第一刀行距及最小行距。

吃刀深度规定如下:第 n 刀的吃刀深度为第一刀的吃刀深度的 $1/n$ 倍。

末行走刀次数:为提高加工质量,最后一个切削行有时需要重复走刀多次,此时需要指定重复走刀次数。

每行切入方式:指刀具在螺纹始端切入时的切入方式。刀具在螺纹末端的退出方式与切入方式相同。

6.2.3　点击【进退刀方式】标签即进入进退刀方式参数表。该参数表用于对加工中的进退刀方式进行设定,如图 3-29 所示。

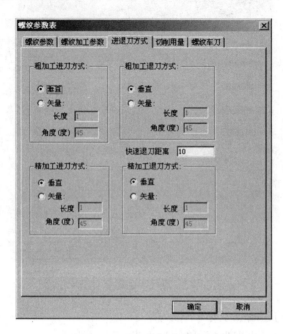

图 3-29　进退刀方式参数表

进刀方式:垂直:指刀具直接进刀到每一切削行的起始点。矢量:指在每一切削行前加入一段与系统 X 轴(机床 Z 轴)正方向成一定夹角的进刀段,刀具进刀到该进刀段的起点,再沿该进刀段进刀至切削行。长度:定义矢量(进刀段)的长度;角度:定义矢量(进刀段)与系统 X 轴正方向的夹角。

退刀方式:垂直:指刀具直接退刀到每一切削行的起始点。矢量:指在每一切削行后加入一段与系统 X 轴(机床 Z 轴)正方向成一定夹角的退刀段,刀具先沿该退刀段退刀,再从该退刀段的末点开始垂直退刀。长度:定义矢量(退刀段)的长度。角度:定义矢量(退刀段)与系统 X 轴正方向的夹角。

快速退刀距离:以给定的退刀速度回退的距离(相对值),在此距离上以机床允许的最大进给速度 G0 退刀。

6.2.4　在每种刀具轨迹生成时,都需要设置一些与切削用量及机床加工相关的参数。点击【切削用量】标签可进入切削用量参数设置页,如图 3-30 所示。

参数说明:

速度设定:接近速度:刀具接近工件时的进给速度。主轴转速:机床主轴旋转的速度。计量单位是机床缺省的单位。退刀速度:刀具离开工件的速度。

主轴转速选项:恒转速:切削过程中按指定的主轴转速保持主轴转速恒定,直到下一指令改变该转速。恒线速度:切削过程中按指定的线速度值保持线速度恒定。

样条拟合方式:直线:对加工轮廓中的样条线根据给定的加工精度用直线段进行拟合。圆弧:对加工轮廓中的样条线根据给定的加工精度用圆弧段进行拟合。

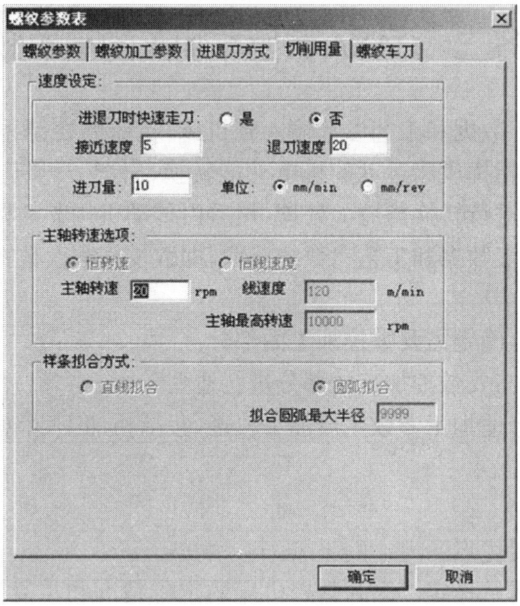

图 3-30　切削用量的参数说明

6.2.5　点击【螺纹车刀】标签可进入螺纹车刀参数设置页。该页用于对加工中所用的螺纹车刀参数进行设置。

刀具名：刀具的名称，用于刀具标识和列表。刀具名是唯一的。

刀具号：刀具的系列号，用于后置处理的自动换刀指令。刀具号唯一，并对应机床的刀库。

刀具补偿号：刀具补偿值的序列号，其值对应于机床的数据库。

刀柄长度：刀具可夹持段的长度。

刀柄宽度：刀具可夹持段的宽度。

刀刃长度：刀具切削刃顶部的宽度。对于三角螺纹车刀，刀刃宽度等于 0。

刀尖宽度：螺纹齿底宽度。

刀具角度：刀具切削段两侧边与垂直于切削方向的夹角，该角度决定了车削出的螺纹的螺纹角。

当前螺纹车刀：显示当前使用的刀具名。当前刀具就是在加工中要使用的刀具，在加工轨迹的生成中要使用当前刀具的刀具参数。

螺纹车刀列表：显示刀具库中所有同类型刀具的名称，可通过鼠标或键盘的上下键选择不同的刀具名，刀具参数表中将显示所选刀具的参数。用鼠标双击所选的刀具还能将其置为当前刀具，如图 3-31 所示。

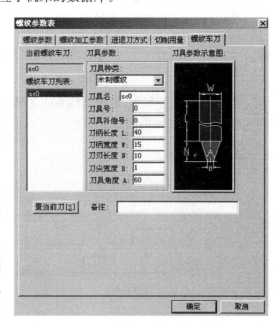

图 3-31　螺纹车刀参数表说明

任务二 CAXA 数控车加工的基本概念

数控加工就是将加工数据和工艺参数输入到机床,机床的控制系统对输入信息进行运算与控制,并不断地向直接指挥机床运动的机电功能转换部件——机床的伺服机构发送脉冲信号,伺服机构对脉冲信号进行转换与放大处理,然后由传动机构驱动机床。从而加工零件。所以,数控加工的关键是加工数据和工艺参数的获取,即数控编程。数控加工一般包括以下几个内容:

(1)对图纸进行分析,确定需要数控加工的部分。

(2)利用图形软件对需要数控加工的部分进行造型。

(3)据加工条件,选合适加工参数生成加工轨迹(包括粗加工、半精加工、精加工轨迹)。

(4)轨迹的仿真检验。

(5)传给机床加工。

数控加工有以下主要优点:

(1)零件一致性好,质量稳定。因为数控机床的定位精度和重复定位精度都很高,很容易保证零件尺寸的一致性,而且,大大减少了人为因素的影响。

(2)可加工任何复杂的产品,且精度不受复杂度的影响。

(3)降低工人的体力劳动强度,从而节省出时间,从事创造性的工作。

1 实现加工的步骤

首先,须配置好机床。这是正确输出代码的关键;

其次,看懂图纸,用曲线表达工件;

然后,根据工件形状,选择合适的加工方式,生成刀位轨迹;

最后,生成 G 代码,传给机床。

2 两轴加工

在 CAXA 数控车中,机床坐标系的 Z 轴即是绝对坐标系的 X 轴,平面图形均指投影到绝对坐标系的 XOY 面的图形。

3 轮 廓

轮廓是一系列首尾相接曲线的集合,如图 3-32 所示。

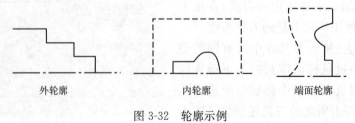

外轮廓   内轮廓   端面轮廓

图 3-32 轮廓示例

在进行数控编程,交互指定待加工图形时,常常需要用户指定毛坯的轮廓,用来界定被加工的表面或被加工的毛坯本身。如果毛坯轮廓是用来界定被加工表面的,则要求指定的轮廓是闭合的;如果加工的是毛坯轮廓本身,则毛坯轮廓也可以不闭合。

4 毛坯轮廓

针对粗车,需要制定被加工体的毛坯。毛坯轮廓是一系列首尾相接曲线的集合,如图3-33所示。

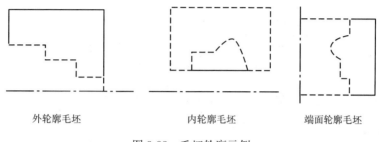

外轮廓毛坯   内轮廓毛坯   端面轮廓毛坯

图 3-33 毛坯轮廓示例

在进行数控编程,交互指定待加工图形时,常常需要用户指定毛坯的轮廓,用来界定被加工的表面或被加工的毛坯本身。如果毛坯轮廓是用来界定被加工表面的,则要求指定的轮廓是闭合的;如果加工的是毛坯轮廓本身,则毛坯轮廓也可以不闭合。

5 机床参数

数控车床的一些速度参数,包括主轴转速、接近速度、进给速度和退刀速度。如图3-34所示。

主轴转速是切削时机床主轴转动的角速度;进给速度是正常切削时刀具行进的线速度(r/mm);接近速度为从进刀点到切入工件前刀具行进的线速度,又称进刀速度;退刀速度为刀具离开工件回到退刀位置时刀具行进的线速度。

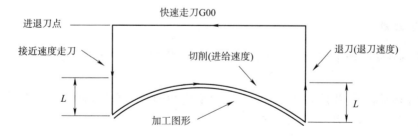

图 3-34 数控车中各种速度示意(L=慢速下刀/快速退刀距离)

这些速度参数的给定一般依赖于用户的经验,原则上讲,它们与机床本身、工件的材料、刀具材料、工件的加工精度和表面光洁度要求等相关。

速度参数与加工的效率密切相关。

6 刀具轨迹和刀位点

刀具轨迹是系统按给定工艺要求生成的对给定加工图形进行切削时刀具行进的路线,如图3-35所示。系统以图形方式显示。刀具轨迹由一系列有序的刀位点和连接这些刀位点的直线(直线插补)或圆弧(圆弧插补)组成。

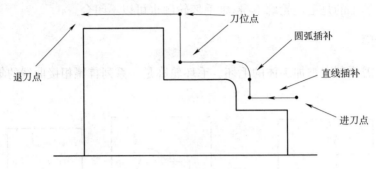

图 3-35   刀具轨迹和刀位点

本系统的刀具轨迹是按刀尖位置来显示的。

7   加工余量

车加工是一个去余量的过程,即从毛坯开始逐步除去多余的材料,以得到需要的零件。这种过程往往由粗加工和精加工构成,必要时还需要进行半精加工,即需经过多道工序的加工。在前一道工序中,往往需给下一道工序留下一定的余量。

实际的加工模型是指定的加工模型按给定的加工余量进行等距的结果。如图 3-36 所示。

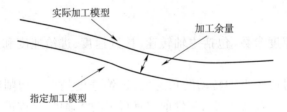

图 3-36   加工余量示意

8   加工误差

刀具轨迹和实际加工模型的偏差即加工误差。用户可通过控制加工误差来控制加工的精度。

用户给出的加工误差是刀具轨迹同加工模型之间的最大允许偏差,系统保证刀具轨迹与实际加工模型之间的偏离不大于加工误差。

用户应根据实际工艺要求给定加工误差,如在进行粗加工时,加工误差可以较大,否则加工效率会受到不必要的影响;而进行精加工时,需根据表面要求等给定加工误差。

在两轴加工中,对于直线和圆弧的加工不存在加工误差,加工误差指对样条线进行加工时用折线段逼近样条时的误差。如图 3-37 所示。

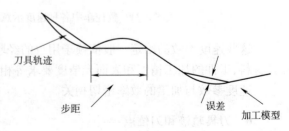

图 3-37   加工误差与步长

9　干　　涉

切削被加工表面时,如刀具切到了不应该切的部分,则称为出现干涉现象,或者叫做过切。
在 CAXA 数控车系统中,干涉分为以下两种情况:

(1)被加工表面中存在刀具切削不到的部分时存在的过切现象。

(2)切削时,刀具与未加工表面存在的过切现象。

任务三　CAXA 数控车特殊数控加工

1　等截面粗加工

点取【数控车】→【等截面粗加工】弹出如图 3-38 所示对话框。

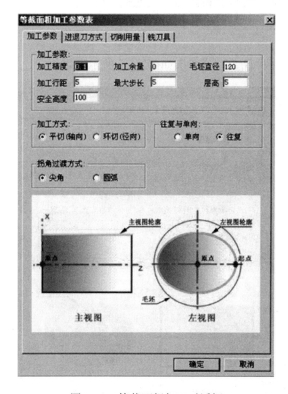

图 3-38　等截面粗加工对话框

1.1　加工参数

1.1.1　加工精度:输入模型的加工精度。计算模型轨迹的误差小于此值。加工精度越大,模型形状的误差也增大,模型表面越粗糙。加工精度越小,模型形状的误差也减小,模型表面越光滑,但是,轨迹段的数目增多,轨迹数据量变大。

1.1.2　加工余量:相对模型表面的残留高度。

1.1.3　毛坯直径:加工毛坯的直径。

1.1.4　加工行距:走刀行间的距离。

1.1.5 最大步长：刀具走刀的最大步长，大于"最大步长"的走刀步将被分成两步。

1.1.6 层高：刀触点的法线方向上的层间距离。

1.1.7 安全高度：刀具在此高度以上任何位置，均不会碰伤工件和夹具。

1.2 加工方式

1.2.1 平行(轴向)：用平行于旋转轴的方向生成加工轨迹。

1.2.2 环切(径向)：用环绕旋转轴的方向生成加工轨迹。

1.3 往复和单向

1.3.1 往复：在刀具轨迹行数大于1时，行之间的刀迹轨迹方向可以往复。

1.3.2 单向：在刀次大于1时，同一层的刀迹轨迹沿着同一方向进行加工。

1.4 拐角过渡方式

1.4.1 尖角：两条轨迹之间以尖角的方式连接。

1.4.2 圆弧：两条轨迹之间以圆弧的方式连接。

2 等截面精加工

点取【数控车】→【等截面精加工】弹出如图 3-39 所示对话框。

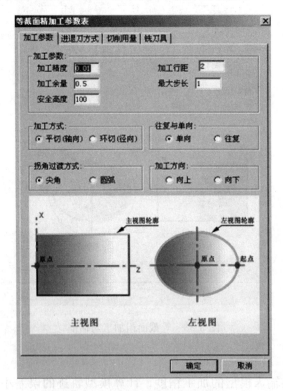

图 3-39 等截面精加工对话框

2.1 加工参数

2.1.1 加工精度：输入模型的加工精度。计算模型的轨迹的误差小于此值。加工精度越大，模型形状的误差也增大，模型表面越粗糙。加工精度越小，模型形状的误差也减小，模型表面越光滑，但是，轨迹段的数目增多，轨迹数据量变大。

2.1.2　加工余量:相对模型表面的残留高度。

2.1.3　加工行距:走刀行间的距离。

2.1.4　最大步长:刀具走刀的最大步长,大于"最大步长"的走刀步将被分成两步。

2.1.5　安全高度:刀具在此高度以上任何位置,均不会碰伤工件和夹具。

2.2　加工方式

2.2.1　平行(轴向):用平行于旋转轴的方向生成加工轨迹。

2.2.2　环切(径向):用环绕旋转轴的方向生成加工轨迹。

2.3　往复和单向

2.3.1　往复:在刀具轨迹行数大于 1 时,行之间的刀迹轨迹方向可以往复。

2.3.2　单向:在刀次大于 1 时,同一层的刀迹轨迹沿着同一方向进行加工。

2.4　拐角过渡方式

2.4.1　尖角:两条轨迹之间以尖角的方式连接。

2.4.2　圆弧:两条轨迹之间以圆弧的方式连接。

2.5　加工方向

目前此功能暂未开发。

3　径向 G01 钻孔(车铣中心设备)

点取【数控车】→【径向 G01 钻孔】弹出如图 3-40 所示对话框。

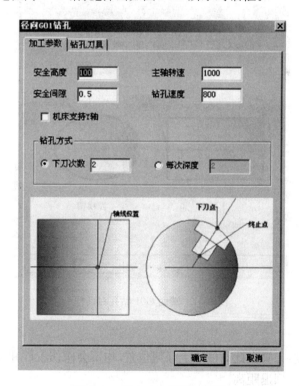

图 3-40　径向 G01 钻孔对话框

3.1　加工参数

3.1.1　安全高度:刀具在此高度以上任何位置,均不会碰伤工件和夹具。

3.1.2　安全间隙:回退距离。

3.1.3　主轴转速:主轴旋转速度。

3.1.4　钻孔速度:钻孔加工时主轴转速。

3.1.5　钻孔深度:钻孔的深度距离。

3.2　钻孔方式

3.2.1　下刀次数:以给定加工的次数来确定走刀的次数。

3.2.2　每次切深:刀触点的法线方向上的层间距离。

4　端面 G01 钻孔(车铣中心设备)

点取【数控车】→【端面 G01 钻孔】弹出如图 3-41 所示对话框。

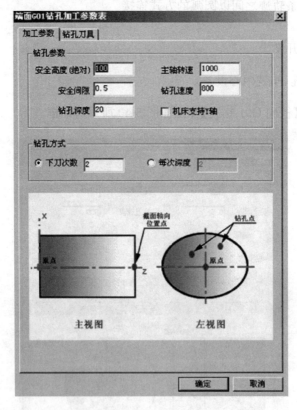

图 3-41　端面 G01 钻孔对话框

4.1　加工参数

4.1.1　安全高度:刀具在此高度以上任何位置,均不会碰伤工件和夹具。

4.1.2　安全间隙:回退距离。

4.1.3　主轴转速:主轴旋转速度。

4.1.4　钻孔速度:钻孔加工时主轴转速。

4.2　钻孔方式

4.2.1　下刀次数：以给定加工的次数来确定走刀的次数。

4.2.2　每次切深：刀触点的法线方向上的层间距离。

5　埋入式键槽加工（车铣中心设备）

点取【数控车】→【埋入式键槽】弹出如图 3-42 所示对话框。

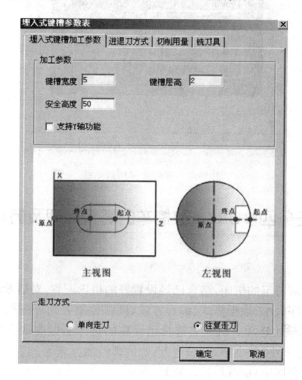

图 3-42　埋入式键槽对话框

5.1　加工参数

5.1.1　键槽宽度：所铣键槽度宽度。

5.1.2　键槽层高：所铣键槽的每层切深高度。

5.1.3　安全高度：刀具在此高度以上任何位置，均不会碰伤工件和夹具。

5.2　走刀方式

5.2.1　往复走刀：在刀具轨迹行数大于 1 时，行之间的刀迹轨迹方向可以往复。

5.2.2　单向走刀：在刀次大于 1 时，同一层的刀迹轨迹沿着同一方向进行加工。

6　开放式键槽加工（车铣中心设备）

(1)安全高度：刀具在此高度以上任何位置，均不会碰伤工件和夹具。

(2)键槽层高：所铣键槽的每层切深高度。

(3)延长量：沿轨迹线的切线方向延长的距离。

开放式键槽对话框如图 3-43 所示。

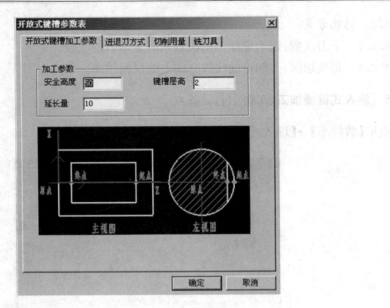

图 3-43　开放式键槽对话框

任务四　CAXA 数控车的后置处理及仿真

1　后置设置

后置设置就是针对特定的机床,结合已经设置好的机床配置,对后置输出的数控程序的格式,如程序段行号、程序大小、数据格式、编程方式、圆弧控制方式等进行设置。本功能可以设置缺省机床及 G 代码输出选项。机床名选择已存在的机床名做为缺省机床。后置参数设置包括程序段行号、程序大小、数据格式、编程方式、圆弧控制方式等。

在【数控车】子菜单区中选取【后置设置】功能项,系统弹出后置处理设置参数表,如图 3-44 所示。用户可按自己的需要更改已有机床的后置设置。按【确定】按钮可将用户的更改保存,【取消】则放弃已做的更改。

(1)机床系统:首先,数控程序必须针对特定的数控机床。特定的配置才具有加工的实际意义,所以后置设置必须先调用机床配置。在图 3-44 中,用鼠标拾取机床名一栏就可以很方便地从配置文件中调出机床的相关配置。图中调用的为 Lathe1 数控系统的相关配置。

(2)输出文件最大长度:输出文件长度可以对数控程序的大小进行控制,文件大小控制以 K(字节)为单位。当输出的代码文件长度大于规定长度时系统自动分割文件。例如:当输出的 G 代码文件 post. ISO 超过规定的长度时,就会自动分割为 post0001. ISO,post0002. ISO,post0003. ISO,post0004. ISO 等。

(3)行号设置:程序段行号设置包括行号的位数,行号是否输出,行号是否填满,起始行号以及行号递增数值等。是否输出行号:选中行号输出则在数控程序中的每一个程序段前面输出行号,反之亦然。行号是否填满是指行号不足规定的行号位数时是否用 0 填充。行号填满就是不足所要求的行号位数的前面补零,如 N0028;反之亦然。如 N28。行号递增数值就是程序段行号之间的间隔。如 N0020 与 N0025 之间的间隔为 5,建议用户选取比较适中的递增数值,这样有利于程序的管理。

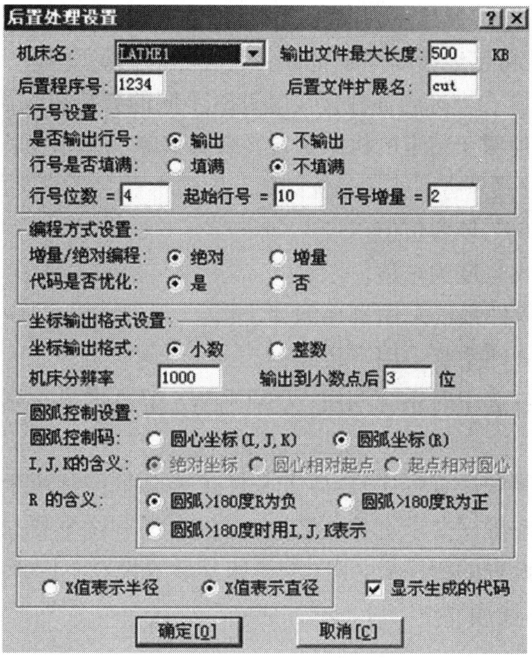

图 3-44　后置处理设置对话框

（4）编程方式设置：有绝对编程 G90 和相对编程 G91 两种方式。

（5）坐标输出格式设置：决定数控程序中数值的格式，小数输出还是整数输出；机床分辨率就是机床的加工精度，如果机床精度为 0.001 mm，则分辨率设置为 1 000，以此类推；输出小数位数可以控制加工精度。但不能超过机床精度，否则是没有实际意义的。

【优化坐标值】指输出的 G 代码中，若坐标值的某分量与上一次相同，则此分量在 G 代码中不出现。下一段是没有经过优化的 G 代码：

X0.0　Y0.0　Z0.0；

X100.Y0.0　Z0.0；

X100.Y100.Z0.0；

X0.0　Y100.Z0.0；

X0.0　Y0.0　Z0.0；

经过坐标优化，结果如下：

X0.0　Y0.0　Z0.0；

X100.；

Y100.；

X0.0；

Y0.0；

（6）圆弧控制设置：主要设置控制圆弧的编程方式。即是采用圆心编程方式还是采用半径编程方式。当采用圆心编程方式时，圆心坐标（I，J，K）有三种含义：

绝对坐标：采用绝对编程方式，圆心坐标（I，J，K）的坐标值为相对于工件零点绝对坐标系的绝对值。

相对起点：圆心坐标以圆弧起点为参考点取值。

起点相对圆心：圆弧起点坐标以圆心坐标为参考点取值。

按圆心坐标编程时，圆心坐标的各种含义是针对不同的数控机床而言。不同机床之间其圆心坐标编程的含义不同，但对于特定的机床其含义只有其中一种。当采用半径编程时，采用半径正负区别的方法来控制圆弧是劣圆弧还是优圆弧。圆弧半径 R 的含义即表现为以下两种：

优圆弧：圆弧大于 $180°$，R 为负值。

劣圆弧：圆弧小于 $180°$，R 为正值。

(7)X 值表示直径：软件系统采用直径编程。

(8)X 值表示半径：软件系统采用半径编程。

(9)显示生成的代码：选中时系统调用 WINDOWS 记事本显示生成的代码，如代码太长，则提示用写字板打开。

(10)扩展文件名控制和后置程序号：后置文件扩展名是控制所生成的数控程序文件名的扩展名。有些机床对数控程序要求有扩展名，有些机床没有这个要求，应视不同的机床而定。后置程序号是记录后置设置的程序号，不同的机床其后置设置不同，所以采用程序号来记录这些设置，以便于用户日后使用。

2　机床设置

机床设置就是针对不同的机床，不同的数控系统，设置特定的数控代码、数控程序格式及参数，并生成配置文件。生成数控程序时，系统根据该配置文件的定义生成用户所需要的特定代码格式的加工指令。

机床配置给用户提供了一种灵活方便的设置系统配置的方法。对不同的机床进行适当的配置，具有重要的实际意义。通过设置系统配置参数，后置处理所生成的数控程序可以直接输入数控机床或加工中心进行加工，而无需进行修改。如果已有的机床类型中没有所需的机床，可增加新的机床类型以满足使用需求，并可对新增的机床进行设置。机床配置的各参数如图 3-45 所示。

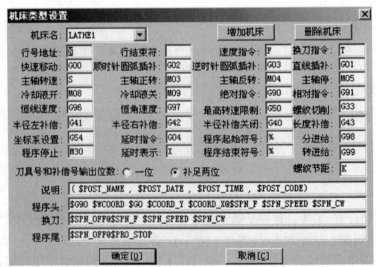

图 3-45　机床类型设置对话框

在【数控车】子菜单区中选取【机床设置】功能项,系统弹出机床配置参数表,用户可按自己的需求增加新的机床或更改已有的机床设置。按【确定】按钮可将用户的更改保存,【取消】则放弃已做的更改。

机床参数配置包括主轴控制,数值插补方法,补偿方式,冷却控制,程序起停以及程序首尾控制符等。现以某系统参数配置为例,具体配置方法如下:

2.1　机床参数设置

在【机床名】一栏用鼠标点取可选择一个已存在的机床并进行修改。按增加机床钮可增加系统没有的机床,按删除机床钮可删除当前的机床。可对机床的各种指令地址进行设置。可以对如下选项进行配置:

2.1.1　行号地址<Nxxxx>。

一个完整的数控程序由许多的程序段组成,每一个程序段前有一个程序段号,即行号地址。系统可以根据行号识别程序段。如果程序过长,还可以利用调用行号很方便地把光标移到所需的程序段。行号可以从1开始,连续递增,如N0001,N0002,N0003等,也可以间隔递增,如N0001,N0005,N0010等。建议用户采用后一种方式。因为间隔行号比较灵活方便,可以随时插入程序段,对原程序进行修改。而无需改变后续行号。如果采用前一种连续递增的方式,每修改一次程序,插入一个程序段,都必须对后续的所有程序段的行号进行修改,很不方便。

2.1.2　行结束符<;>:

在数控程序中,一行数控代码就是一个程序段。数控程序一般以特定的符号,而不是以回车键作为程序段结束标志,它是一段程序段不可缺少的组成部分。有些系统以分号符";"作为程序段结束符,系统不同,程序段结束符一般不同,如有的系统结束符是"＊",有的是"♯"等不尽相同。一个完整的程序段应包括行号、数控代码和程序段结束符。如:

N10 G92X10.000Y5.000;

2.1.3　插补方式控制。

一般地,插补就是把空间曲线分解为XYZ各个方向的很小的曲线段,然后以微元化的直线段去逼近空间曲线。数控系统都提供直线插补和圆弧插补,其中圆弧插补又可分为顺圆插补和逆圆插补。

插补指令都是模代码。所谓模代码就是只要指定一次功能代码格式,以后就不用指定,系统会以前面最近的功能模式确认本程序段的功能。除非重新指定同类型功能代码,否则以后的程序段仍然可以默认该功能代码。

(1)直线插补<G01>:系统以直线段的方式逼近该点。需给出终点坐标。如:G01X100.000Y100.000表示刀具将以直线的方式从当前点到达点(100,100)。

(2)顺圆插补<G02>:系统以半径一定的圆弧的方式按顺时针方向逼近该点。要求给出终点坐标,圆弧半径,以及圆心坐标。如:G02X100.000Y100.000R20.000表示刀具将以半径为R20圆弧的方式,按顺时针方向从当前点到达目的点(100,100)。G02X100.000Y100.000I50.000J50.000表示刀具将以当前点,终点(100,100),圆心(50,50)所确定的圆弧的方式,按顺时针方向从当前点到达目的点(100,100)。

(3)逆圆插补<G03>:系统以半径一定的圆弧的方式按逆时针方向逼近该点。要求给出终点坐标,圆弧半径,以及圆心坐标。如:G03X100.000Y100.000R20.000表示刀具将以半径为 R20 圆弧的方式,按逆时针方向从当前点到达目的点(100,100)。

2.1.4　主轴控制指令。

主轴转数:S;

主轴正转:M03;

主轴反转:M04;

主轴停:M05。

2.1.5　冷却液开关控制指令。

冷却液开<M07>:M07 指令打开冷却液阀门开关,开始开放冷却液。

冷却液关<M09>:M09 指令关掉冷却液阀门开关,停止开放冷却液。

2.1.6　坐标设定。

用户可以根据需要设置坐标系,系统根据用户设置的参照系确定坐标值是绝对的还是相对的。

(1)坐标设定<G54>:G54 是程序坐标系设置指令。一般地,以零件原点作为程序的坐标原点。程序零点坐标存储在机床的控制参数区。程序中不设置此坐标系,而是通过 G54 指令调用。

(2)绝对指令<G90>:把系统设置为绝对编程模式。以绝对模式编程的指令,坐标值都以 G54 所确定的工件零点为参考点。绝对指令 G90 也是模代码,除非被同类型代码 G91 所代替,否则系统一直默认。

(3)相对指令<G91>:把系统设置为相对编程模式。以相对模式编程的指令,坐标值都以该点的前一点为参考点,指令值以相对递增的方式编程。同样 G91 也是模代码指令。

(4)设置当前点坐标<G92>:把随后跟着的 X、Y 值作为当前点的坐标值。

2.1.7　补偿。补偿包括左补偿和右补偿及补偿关闭。有了补偿后,编程时可以直接根据曲线轮廓编程。

(1)半径左补偿<G41>:指加工轨迹以进给的方向正方向,沿轮廓线左边让出一个刀具半径。

(2)半径右补偿<G42>:指加工轨迹以进给的方向正方向,沿轮廓线右边让出一个刀具半径。

(3)半径补偿关闭<G40>:补偿的关闭是通过代码 G40 来实现的。左右补偿指令代码都是模态代码,所以,也可以通过开启一个补偿指令代码来关闭另一个补偿指令代码。

2.1.8　延时控制。

延时指令<G04>:程序执行延时指令时,刀具将在当前位置停留给定的延时时间。

延时表示<X>:其后跟随的数值表示延时的时间。

2.1.9　程序止<M02>:程序结束指令 M02 将结束整个程序的运行,所有的功能 G 代码和与程序有关的一些机床运行开关,如冷却液开关,开关走丝,机械手开关等都将关闭处于原始禁止状态。机床处于当前位置,如果要使机床停在机床零点位置,则必须用机床回零指令使之回零。

2.1.10　恒线速度<G96>:切削过程中按指定的线速度值保持线速度恒定。

2.1.11　恒角速度<G97>:切削过程中按指定的主轴转速保持主轴转速恒定,直到下一指令改变该指令为止。

2.1.12　最高转速＜G50＞：限制机床主轴的最高转速，常与恒线速度＜G96＞同用匹配。

2.2　程序格式设置

程序格式设置就是对 G 代码各程序段格式进行设置。【程序段】含义见 G 代码程序示例。用户可以对以下程序段进行格式设置：程序起始符号、程序结束符号、程序说明、程序头、程序尾换刀段。

2.2.1　设置方式：字符串或宏指令@字符串或宏指令。

其中宏指令为：＄＋宏指令串，系统提供的宏指令串有：

当前后置文件名 POST_NAME

当前日期 POST_DATE

当前时间 POST_TIME

当前 X 坐标值 COORD_Y

当前 Z 坐标值 COORD_X

当前程序号 POST_CODE

行号指令 LINE_NO_ADD

行结束符 BLOCK_END

直线插补 G01

顺圆插补 G02

逆圆插补 G03

绝对指令 G90

相对指令 G91

指定当前点坐标 G92

冷却液开 COOL_ON

冷却液关 COOL_OFF

程序止 PRO_STOP

左补偿 DCMP_LFT

右补偿 DCMP_RGH

补偿关闭 DCMP_OFF

@号为换行标志。

若是字符串则输出它本身。

＄号输出空格。

2.2.2　程序说明：说明部分是对程序的名称，与此程序对应的零件名称编号，编制日期和时间等有关信息的记录。程序说明部分是为了管理的需要而设置的。有了这个功能项目，用户可以很方便地进行管理。比如要加工某个零件时，只需要从管理程序中找到对应的程序编号即可，而不需要从复杂的程序中去一个一个地寻找需要的程序。

（N126－60231，＄POST_NAME，＄POST_DATE，＄POST_TIME），在生成的后置程序中的程序说明部分输出如下说明：

（N126－60231，O1261，1996，9，2，15：30：30）

2.2.3　程序头：针对特定的数控机床来说，其数控程序开头部分都是相对固定的，包括一些机床信息，如机床回零，工件零点设置，开走丝，以及冷却液开启等。

例如：直线插补指令内容为 G01，那么，＄G1 的输出结果为 G01，同样 ＄COOL_ON 的输出结果为 M7，＄PRO_STOP 为 M02. 依此类推。

例如：＄COOL_ON@＄SPN_CW@＄G90 ＄ ＄G0 ＄COORD_Y ＄COORD_X@G41 在后置文件中的输出内容为：

M07；

M03；

G90 G00X10.000Z20.0000；

G41；

3 生成 G 代码

生成代码就是按照当前机床类型的配置要求，把已经生成的加工轨迹转化生成 G 代码数据文件，即 CNC 数控程序，有了数控程序就可以直接输入机床进行数控加工。

3.1 生成 G 代码

3.1.1 在【数控车】子菜单区中选取【生成代码】功能项，则弹出一个需要用户输入文件名的对话框，要求用户填写后置程序文件名，如图 3-46 所示。此外系统还在信息提示区给出当前生成的数控程序所适用的数控系统和机床系统信息，它表明目前所调用的机床配置和后置设置情况。

图 3-46   选择后置文件名对话框

3.1.2 输入文件名后选择保存按钮，系统提示拾取加工轨迹。当拾取到加工轨迹后，该加工轨迹变为被拾取颜色。鼠标右键结束拾取，系统即生成数控程序。拾取时可使用系统提供的拾取工具，可以同时拾取多个加工轨迹，被拾取轨迹的代码将生成在一个文件当中，生成的先后顺序与拾取的先后顺序相同。

4 校核 G 代码

4.1 查看 G 代码

在【数控车】子菜单区中选取【查看代码】菜单项，则弹出一个需要用户选取数控程序的对话框。选择一个程序后，系统即用 Windows 提供的【记事本】显示代码的内容，当代码文件较大时，则要用【写字板】打开，用户可在其中对代码进行修改。

4.2　参数修改

对生成的轨迹不满意时可以用参数修改功能对轨迹的各种参数进行修改，以生成新的加工轨迹。在【数控车】子菜单区中选取【参数修改】菜单项，则提示用户拾取要进行参数修改的加工轨迹。拾取轨迹后将弹出该轨迹的参数表供用户修改。参数修改完毕选取【确定】按钮，即依据新的参数重新生成该轨迹。

由于在生成轨迹时经常需要拾取轮廓，在此对轮廓拾取方式作一专门介绍。轮廓拾取工具提供三种拾取方式：单个拾取、链拾取和限制链拾取。

4.2.1　【单个拾取】需用户挨个拾取需批量处理的各条曲线。适合于曲线条数不多且不适合于【链拾取】的情形。

4.2.2　【链拾取】需用户指定起始曲线及链搜索方向，系统按起始曲线及搜索方向自动寻找所有首尾搭接的曲线。适合于需批量处理的曲线数目较大且无两根以上曲线搭接在一起的情形。

4.2.3　【限制链拾取】需用户指定起始曲线、搜索方向和限制曲线，系统按起始曲线及搜索方向自动寻找首尾搭接的曲线至指定的限制曲线。适用于避开有两根以上曲线搭接在一起的情形，以正确地拾取所需要的曲线。

5　轨迹仿真

对已有的加工轨迹进行加工过程模拟，以检查加工轨迹的正确性。对系统生成的加工轨迹，仿真时用生成轨迹时的加工参数，即轨迹中记录的参数；对从外部反读进来的刀位轨迹，仿真时用系统当前的加工参数。

轨迹仿真分为动态仿真、静态仿真和二维仿真，仿真时可指定仿真的步长来控制仿真的速度，也可以通过调节速度条控制仿真速度。当步长设为 0 时，步长值在仿真中无效；当步长大于 0 时，仿真中每一个切削位置之间的间隔距离即为所设的步长。

动态仿真：仿真时模拟动态的切削过程，不保留刀具在每一个切削位置的图像。

静态仿真：仿真过程中保留刀具在每一个切削位置的图像，直至仿真结束。

二维仿真：仿真前先渲染实体区域，仿真时刀具不断抹去它切削掉部分的染色。

操作步骤：

（1）在"数控车"子菜单区中选取"轨迹仿真"功能项，同时可指定仿真的类型和仿真的步长。

（2）拾取要仿真的加工轨迹，此时可使用系统提供的选择拾取工具。在结束拾取前仍可修改仿真的类型或仿真的步长。

（3）按鼠标右键结束拾取，系统弹出仿真控制条，按【▶】键开始仿真。仿真过程中可按【‖】键暂停、按【▶▶】键仿真上一步、按【◀◀】键仿真上一步、按【■】键终止仿真。

（4）仿真结束，可以按【▶】键重新仿真，或者按【■】键终止仿真。

6　代码反读

代码反读就是把生成的 G 代码文件反读进来，生成刀具轨迹，以检查生成的 G 代码的正确性。如果反读的刀位文件中包含圆弧插补，需用户指定相应的圆弧插补格式，否则可能得到错误的结果。若后置文件中的坐标输出格式为整数，且机床分辨率不为 1 时，反读的结果是不对的。亦即系统不能读取坐标格式为整数且分辨率为非 1 的情况。

6.1　操作说明

在【数控车】子菜单区中选取【代码反读】功能项,则弹出一个需要用户选取数控程序的对话框。系统要求用户选取需要校对的 G 代码程序。拾取到要校对的数控程序后,系统根据程序 G 代码立即生成刀具轨迹。

6.2　注意

6.2.1　刀位校核只用来进行对 G 代码的正确性进行检验,由于精度等方面的原因,用户应避免将反读出的刀位重新输出,因为系统无法保证其精度。

6.2.2　校对刀具轨迹时,如果存在圆弧插补,则系统要求选择圆心的坐标编程方式,如图 3-47 所示,其含义可参考后置设置中的说明。用户应正确选择对应的形式,否则会导致错误。

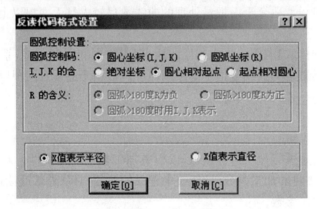

图 3-47　代码反读格式设置对话框

项目四 知识扩展:CAXA 制造工程师的 DNC 传输

学习目标

了解 CAXA 制造工程师 DNC 传输的参数设置

熟悉 CAXA 制造工程师 DNC 传输的使用方法

任务一 CAXA 编程助手的使用

【编程助手】模块是为数控机床操作工提供的,用于手工数控编程的工具。它一方面能让操作工在计算机上方便地进行手工代码编制,同时也能让操作工很直观地看到所编制代码的轨迹。

使用桌面的【编程助手】快捷方式,或者单击【加工】下拉菜单,【编程助手】显示如图 4-1 所示。

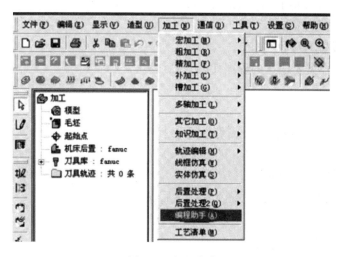

图 4-1 编程助手

打开编程助手,显示截面如图 4-2 所示。

1 机床通信

通过串口线缆,用编程助手完成计算机与数控设备之间的程序或参数传输。

2 发送代码

用编程助手将程序代码传输到相应的设备上,具体操作如下:

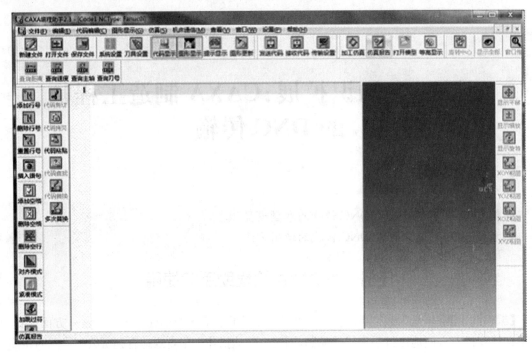

图 4-2　编程助手截图

(1)用串口传输线缆将 PC 的串口(IOIO 口)与 NC 的 RS232 接口连接起来。

(2)将通信参数设置正确。

(3)将 NC 端设置为接收状态。

(4)在 PC 上选择需要发送的程序代码,然后发送。

3　接收代码

将设备内存里的程序或参数传输到计算机上,具体操作如下:

(1)用串口传输线缆将 PC 的串口(IOIO 口)与 NC 的 RS232 接口连接起来。

(2)将 PC 端设置为接收状态。

(3)在 NC 上选择需要发送的程序代码,然后发送。

4　传输设置

发送参数设置界面,如图 4-3 所示。

图 4-3　发送参数设置

接收参数设置界面,如图 4-4 所示。

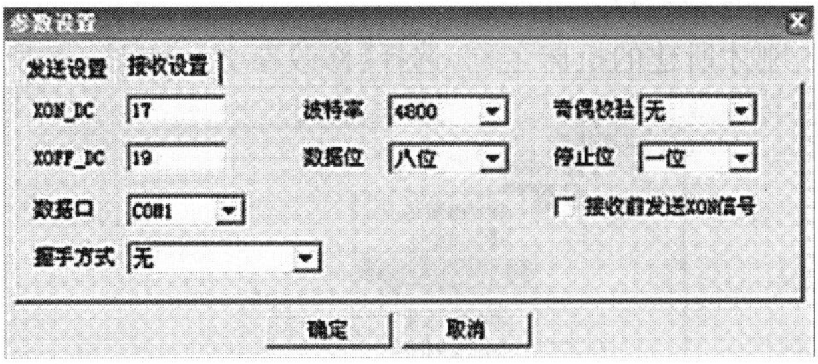

图 4-4　接收参数设置

　　设置通信参数时,需要将 PC 与 NC 的通信参数设置一致,数据口设置成通信线缆连接的接口号,值得注意的是 XON_ON 和 XON_OFF 的起停信号中的数值是十进制的,17 和 19 对应到设备中的十六进制分别是 11 和 13。

任务二　CAXA 网络 DNC 通信模块的使用

1　串口通信

本节主要介绍应用机床端与计算机端应用串口(RS-232 或者智能终端)进行通信。

1.1　定　义

串口传输通信:就是应用 RS-232 串口来实现机床用计算机的代码的传输。而这里的串口通信所使用的范围包括通用串口系列、广州数控 980TD 系列、广州数控 928TA 系列、发那科系列、华中数控 3.0 系列和华中数控 4.0 系列等。

1.2　串口通信客户端操作

1.2.1　串口机床的添加

打开 CAXA 网络 DNC 软件,右键机床树→添加组→右键组名→添加机床,如图 4-5 所示。

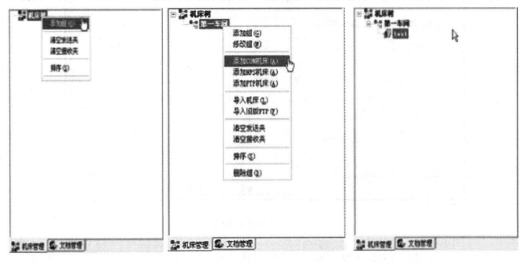

图 4-5　串口机床的添加

1.2.2　通用串口的通信

(1)参数设置

第一步,右键单击刚才所建的机床名称,选择【修改参数】,如图 4-6 所示。

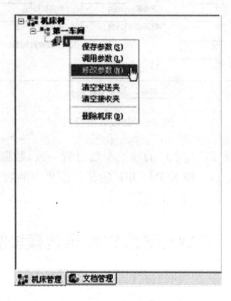

图 4-6　修改参数

第二步,在【传输设备】中,选择【通用串口】选项如图 4-7 所示。

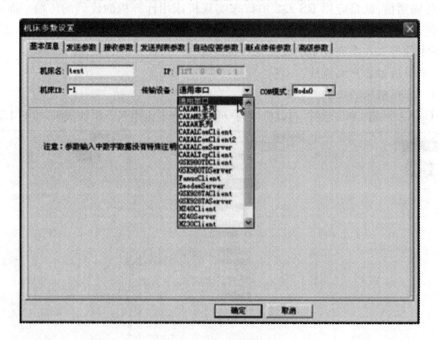

图 4-7　基本参数设置

第三步,发送参数和接收参数设置,必须与机床的串口参数保持一致,如图 4-8 所示。

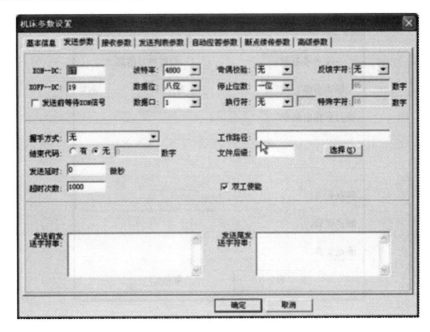

图 4-8　发送参数设置

（2）发送文件，选择功能栏【发送文件】按钮，选择要发送的文件，如图 4-9、图 4-10 所示。

图 4-9　发送文件

图 4-10　发送文件的选择

（3）断点续传，选择功能栏【断点续传】按钮，设置断点续传参数，点击确定即可，如图 4-11、图 4-12 所示。

图 4-11　断点续传

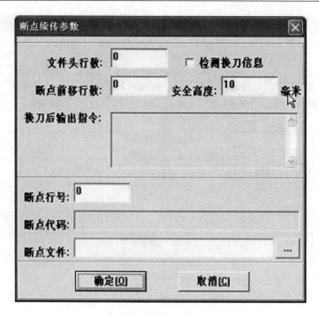

图 4-12 断点续传参数

  (4)接收文件,选择功能栏【接收文件】按钮,选择要接收的文件名,或者输入想要存储的文件名,点击确定即可,如图 4-13、图 4-14 所示。

图 4-13 接收文件

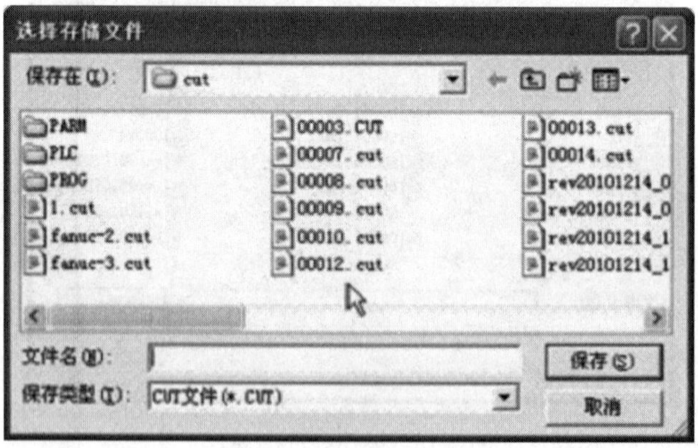

图 4-14 接收文件选择

2 广州数控 980TD 通信

2.1 参数设置

  第一步,右键单击刚才所建的机床名称,选择【修改参数】,在【传输设备】项中选择【GSK980TDClient】选项,如图 4-15 所示。

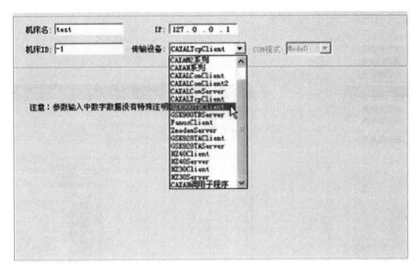

图 4-15　GSK980TD 的参数选择

第二步，修改相应的发送和接收参数，其中工作路径选择为本地所要遍历的路径，一定要设置，其他串口参数与机床的串口参数保持一致，如图 4-16 所示。

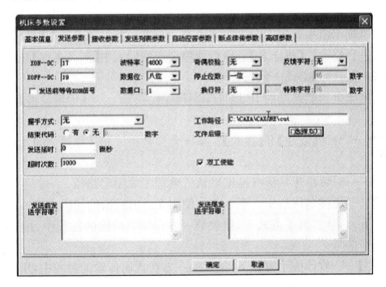

图 4-16　发送和接收参数的设置

2.2　发送文件和接收文件

第一步，右键单击机床名称，点击【GSK 通信】，如图 4-17 所示。

第二步，弹出对话框，点击【连接机床】按钮，如图 4-18 所示。

第三步，如果接收文件，则从机床端拖拽到通信端，如果发送文件，则从通信端拖拽到机床端即可。

2.3　参数设置

主要介绍软件中关于机床传输通用参数的定义及设置保存参数的方法。

各部分参数含义如下：

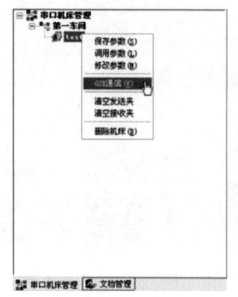

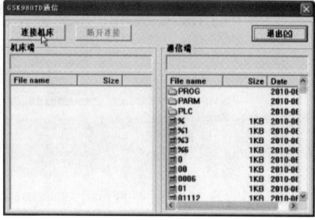

图 4-17   弹出对话框选项   图 4-18   GSK980TD 对话框

【机床名】——机床名称。根据用户的使用习惯命名机床,建议使用统一命名规则,最好将机床的操作系统也标示出来。每一台机床需要有一个唯一标识的名称即【机床名称】。机床名称允许在建立后进行修改。【机床名】必须和管理端产品列表中【产品名称】和【产品代号】一致(【产品名称】和【产品代号】必须一致)。

【IP】——该机床上智能终端的 IP 地址 IP: 192.168.4.233 。当【传输设备】为非【通用串口】时有效。

【参数类型】——分为【发送】和【接收】。系统允许某机床和计算机之间发送和接收采用不同参数设置。

【工作路径】——设置机床从服务器端默认传输程序的固定路径。

【文件后缀】——文件名称后缀。系统允许使用无任何后缀的代码文件。

【XON—DC】——软件握手方式下,接收的一方在代码传输的过程中,用该字符控制发送方开始发送的动作信号。

【XOFF—DC】——软件握手方式下,接收的一方在代码传输的过程中,用该字符控制发送方暂时停止发送的动作信号。

【接收前发送 XON 信号】——系统在从发送状态转换到接收状态之后发送的 DC 码信号。

【发送前等待 XON 信号】——软件握手方式下,接收一方在代码传输起始时,控制发送方开始发送的动作信号。勾选后,计算机发送数据时,先将数据发送到智能终端,等机床给出 XON 信号后,智能终端才开始向机床发送数据。

【自动应答收发间隔】——在自动应答状态下,系统从接收状态切换到发送状态或者从接收状态切换到另一个文件的接收状态中间间隔的时间。建议设置:1 000 ms。

【波特率】——数据传送速率,表示每秒钟传送二进制代码的位数,它的单位是位/秒。常用的波特率为 4 800、9 600、19 200、38 400。

【数据位】——串口通信中单位时间内的电平高低代表一位,多个位代表一个字符,这个位数的约定即数据位长度。一般位长度的约定根据系统的不同有：5 位、6 位、7 位、8 位几种。

【数据口】——智能终端当前正常工作的端口，默认为：1。

【奇偶校验】——是指在代码传送过程中用来检验是否出现错误的一种方法。

【停止位数】——传输过程中每个字符数据传输结束的标示。

【换行符】——传输过程中用来标示传输代码每行结束的字符。

【反馈字符】——接收一端在收到每个（或者某个特殊字符）字符时，往发送端返回一个确认字符，这个字符称为"反馈字符"。

【握手方式】——接收和发送双方用来建立握手的传输协议。

【超时次数】——计算机发送代码到机床端，软件检测机床反馈字符次数大于"超时次数"时，计算机端结束等待，继续发送下一个字符。当【反馈字符】为单字符或特殊字符时，该项有效。

【机床 ID】——机床反馈信息中，标示机床的数字代号。

【上传文档类型】——代码由机床上传到系统管理端的文档类型控制参数。

【上传文档计划完成时间】——代码由机床上传到管理端后，该项任务的计划完成时间。

【结束代码】——传输过程中用来标示传输代码文件全部结束的字符。

【接收前发送字符串】——系统在从发送状态转换到接收状态之后发送的字符串。

【发送前发送字符串】——系统在发送一个文件之前发送的字符串。

【发送尾发送字符串】——系统在发送一个文件之后发送的字符串。

【发送文件列表前发送字符串】——系统在发送目录列表文件之前发送的字符串。例如 FANUC 设置为：％。注意增加【回车】。

【发送文件列表尾发送字符串】——系统在发送目录列表文件之后发送的字符串。例如 FANUC 设置为：％。注意增加【回车】。

【接收指令起始字符】——自动应答方式传输时，软件解析自动传输命令的起始标示字符。

【接收指令终止字符】——自动应答方式传输时，软件解析自动传输命令的结束标示字符。

【指令内容分隔字符】——传输命令行中用来分隔各项内容的分隔字符。

【文件夹分隔字符串】——用来标示调用代码传输路径中子文件夹的分隔字符串。

【传输延时】——传输代码中每字符之间的延时。

【无文档管理服务器】——是通信与管理断开关联的方式下使用的。

【文档管理服务器模式 1】——是管理客户端主动关联模式。

【文档管理服务器模式 2】——是管理客户端被动关联模式。

【按文件映射名下载服务器文件】——是指通信客户端将按照管理客户端映射的文件名称下载文件。

2.4 注意事项

2.4.1 【机床名】：当网络 DNC 通信模块和管理模块相互关联的情况下，【机床名】和【机床 ID】需要与管理模块中【设备名称】和【设备 ID】设置一致。此时该机床上传下载代码文档的权受到管理模块中权限的限制，同时通信端【工作路径】仅仅用于代码暂存路径。

2.4.2 机床参数设置中分为【发送参数】和【接收参数】。系统允许某机床和计算机之间发送和接收采用不同参数设置。对于很多机床系统该项设置尤为重要，例如日本 OCUMA，法国 NUM，华中数控、广泰等等。

2.4.3　如果软件设置中勾选了【发送前等待 XON 信号】,在手动传输中则必须由计算机一端先发送,机床端后接收。如果没有勾选该项,则遵守【先接收,后发送】的原则。

2.4.4　系统安装路径 CFG 下的 MachMng. cfg 文件中保存了当前系统中设置的所有串口机床的参数,UserMng. cfg 中保存了当前系统中设置的所有网口机床的参数。因此,如果需要备份所有机床的参数,只需要手动将文件 MachMng. cfg 和 UserMng. cfg 备份出来即可。

参 考 文 献

［1］杨伟群,等.数控工艺培训教程(数控车部分).北京:清华大学出版社,2002.

［2］宛建业,等.CAXA 数控车实用教程.北京:化学工业出版社,2008.

［3］谢小星.CAXA 数控加工造型编程通讯.北京:北京航空航天大学出版社,2001.

［4］徐灏.新编机械设计师手册.北京:机械工业出版社,1986.

［5］杨伟群.CAXA-CAM 与 NC 加工应用实例.北京:高等教育出版社,2004.

［6］杨伟群.CAXA-CAM 应用实例.北京:高等教育出版社,2004.

［7］刘颖,等.CAXA 制造工程师 2008 实例教程.北京:清华大学出版社,2009.

参考文献